生物有機化学
―生物活性物質を中心に―
第2版
長澤寛道 著

東京化学同人

ま　え　が　き

　「生物有機化学——生物活性物質を中心に」を 2008 年に出版して以来，およそ 10 年が経過した．この間，多くの先生方に学部授業の教科書として採用いただいた．また，その後，留学生や英語で学びたい方々にも利用していただくために，この初版本を英訳し，"Chemistry and Biology of Bioactive Compounds" というタイトルで TERRAPUB, Tokyo から出版した．生物有機化学は文字通り，生物体を構成し，維持していく有機化合物の化学であり，低分子化合物から高分子化合物までを扱う．初版では，そのなかでも生命活動を巧みに調節し，特に微量で特有の作用を示す生物活性物質の化学を中心に解説した．

　この 10 年余りの間に，新しい生物活性物質が数多く同定され，また昨今の生命科学の急速な進展とともに生物活性物質化学において新しい方法論も登場してきた．このような背景のもと，この第 2 版を上梓する運びとなった．今回の改訂では，最新の成果を取入れるとともに，教科書としての役割に配慮してより適切でわかりやすい記述を心掛けた．1 章では生物活性物質研究の全体像がより明確になるように書き改め，2 章から 4 章では新しく同定された化合物を加えるとともに，重要性が低くなった部分については省略や簡略化を行った．また，生物活性物質研究の新しい流れを 5 章として新たに追加した．

　喜ばしいことに，この 10 年余りの間に生物活性物質化学の分野で 2 名の日本人研究者がノーベル賞を受賞された．2008 年に下村脩博士が「緑色蛍光タンパク質の発見とその応用」でノーベル化学賞を，2015 年に大村智博士が「線虫の寄生によってひき起こされる感染症に対する新たな治療法に関する発見」でノーベル医学生理学賞を授与された．そこで，コラムを新たに設けて，おのおのの研究業績や背景を詳しく紹介した．また，下村博士により開発された蛍光・発光化合物はこの分野の研究に欠かせない道具となっており，その原理と利用法について具体的に解説した．

近年，ゲノム科学を含む生命科学は破竹の勢いで進展しており，未知の生命現象の解明とその成果をもとに医療や農業分野への応用が加速している．このような状況をふまえて，5章では，生物活性物質の分子レベルでの作用機構や新たな探索方法ならびに生物活性物質を用いて生命現象を理解するケミカルバイオロジーなどについて，その一端を解説した．

生物活性物質化学は，有機化学を基礎として，生化学，分子生物学，微生物学，植物生理学，遺伝学など幅広い知識を必要とする分野である．本書を通じて，さまざまな生物活性物質が生命現象において果たす役割を理解し，生命科学の大きな歩みのなかで，物質を基盤とする生物活性物質化学の重要性がますます高まり，新たな局面が切開かれる様子を実感していただけると幸いである．そして，読者の皆さんが新しい生物活性物質の発見とさらなる生命現象の解明を目指して，新たな一歩を踏み出すことを願ってやまない．

初版同様，第2版の製作を後押ししていただき，貴重な助言をいただきました東京化学同人の山田豊氏に心より感謝申し上げます．

2019年春

長 澤 寛 道

目　　　次

1章　生物活性物質の基礎 ………………………………………… 1
1・1　生物活性物質 ……………………………………………………… 1
1・2　生物活性物質研究の流れ ………………………………………… 2
1・3　生物検定 …………………………………………………………… 4
1・4　生物活性物質の精製，単離 ……………………………………… 9
　1・4・1　化合物の物理化学的性質と精製法 ……………………… 10
　1・4・2　精製法の実際例 …………………………………………… 11

2章　生合成から見た生物活性物質 …………………………… 15
2・1　主要な生合成経路 ………………………………………………… 15
　2・1・1　天然有機化合物の生合成の全体像 ……………………… 20
　2・1・2　生合成と酵素反応 ………………………………………… 21
2・2　脂肪酸とその関連化合物 ………………………………………… 21
　2・2・1　長鎖脂肪酸および不飽和脂肪酸 ………………………… 23
　2・2・2　プロスタグランジンおよびトロンボキサン ……………… 25
　2・2・3　ロイコトリエン …………………………………………… 26
　2・2・4　蛾の性フェロモン ………………………………………… 26
　2・2・5　ジャスモン酸 ……………………………………………… 27
2・3　ポリケチドとその関連化合物 …………………………………… 27
　2・3・1　置換基を有するベンゼン誘導体 ………………………… 29
　2・3・2　ナフトキノン類 …………………………………………… 29
　2・3・3　アントラキノン類 ………………………………………… 30
　2・3・4　テトラサイクリン系抗生物質 …………………………… 30
　2・3・5　多様なポリケチド化合物 ………………………………… 30
　2・3・6　ポリケチドの生合成にかかわる酵素とその遺伝子 …… 32
2・4　テルペノイドとその関連化合物 ………………………………… 36
　2・4・1　モノテルペン ……………………………………………… 40
　2・4・2　セスキテルペン …………………………………………… 41
　2・4・3　ジテルペン ………………………………………………… 43

2・4・4　セスタテルペン……………………………………………46

　2・4・5　トリテルペン………………………………………………47

　2・4・6　テトラテルペン……………………………………………51

2・5　シキミ酸経路を経て生合成される化合物………………………52

2・6　アルカロイド……………………………………………………56

　2・6・1　オルニチンから導かれるアルカロイド…………………56

　2・6・2　チロシンおよびフェニルアラニンから導かれるアルカロイド…57

　2・6・3　トリプトファンから導かれるアルカロイド……………58

　2・6・4　その他のアルカロイド……………………………………59

2・7　ペプチド類………………………………………………………59

　2・7・1　ペプチド結合の切断………………………………………60

　2・7・2　N末端およびC末端の修飾………………………………61

　2・7・3　糖鎖の付加…………………………………………………62

　2・7・4　リン酸化……………………………………………………63

　2・7・5　硫酸化………………………………………………………64

　2・7・6　ジスルフィド架橋…………………………………………64

　2・7・7　その他の修飾………………………………………………64

　2・7・8　遺伝情報によらないペプチドの生合成…………………65

3章　機能から見た内因性生物活性物質…………………………**68**

3・1　ホルモン…………………………………………………………68

　3・1・1　植物のホルモン……………………………………………71

　3・1・2　脊椎動物のホルモン………………………………………81

　3・1・3　無脊椎動物のホルモン……………………………………94

　　3・1・3・1　昆虫のホルモン………………………………………94

　　3・1・3・2　甲殻類のホルモン……………………………………102

　　3・1・3・3　その他の無脊椎動物のホルモン……………………104

　3・1・4　微生物のホルモン…………………………………………105

3・2　フェロモン………………………………………………………106

　3・2・1　動物のフェロモン…………………………………………106

　3・2・2　微生物のフェロモン………………………………………112

3・3　増殖因子…………………………………………………………116

　3・3・1　動物の増殖因子……………………………………………116

　3・3・2　植物培養細胞の増殖因子…………………………………118

3・4 その他の内因性生物活性物質 ……………………………………… 119

4章 機能から見た外因性生物活性物質 ………………………… 123

4・1 植物生長調節物質 …………………………………………………… 123
  4・1・1 他感物質 …………………………………………………… 123
  4・1・2 植物病原菌がつくる毒素 …………………………………… 125
4・2 植物由来の薬理活性物質 …………………………………………… 126
  4・2・1 モルヒネ …………………………………………………… 126
  4・2・2 微小管（チューブリン）に作用する化合物 ……………… 127
  4・2・3 その他の薬理活性物質 …………………………………… 128
4・3 ビタミン ……………………………………………………………… 128
  4・3・1 脂溶性ビタミン …………………………………………… 128
  4・3・2 水溶性ビタミン …………………………………………… 130
4・4 昆虫成長調節物質 …………………………………………………… 133
  4・4・1 植物由来の脱皮ホルモン様物質および抗脱皮ホルモン物質 …… 133
  4・4・2 植物由来の幼若ホルモン様物質および抗幼若ホルモン物質 …… 134
  4・4・3 天然殺虫性物質 …………………………………………… 135
  4・4・4 摂食阻害物質 ……………………………………………… 136
  4・4・5 昆虫病原菌が生産する昆虫成長阻害物質 ………………… 136
4・5 抗生物質 ……………………………………………………………… 137
  4・5・1 細胞壁合成阻害 …………………………………………… 137
  4・5・2 細胞膜機能阻害 …………………………………………… 141
  4・5・3 DNA, RNA 機能阻害 ……………………………………… 142
  4・5・4 タンパク質合成阻害 ……………………………………… 145
4・6 細胞機能調節物質 …………………………………………………… 148
  4・6・1 免疫調節物質 ……………………………………………… 148
  4・6・2 細胞周期制御物質 ………………………………………… 149
4・7 酵素阻害物質 ………………………………………………………… 149
4・8 生物毒 ………………………………………………………………… 154
  4・8・1 高等植物の毒 ……………………………………………… 154
  4・8・2 キノコの毒 ………………………………………………… 156
  4・8・3 動物の毒 …………………………………………………… 157
4・9 蛍光および発光化合物 ……………………………………………… 163
4・10 その他の外因性生物活性物質 …………………………………… 165

5章　生物活性物質化学の新展開 ……………………………… 172

5・1　ホルモン受容体と作用機構 ……………………………… 172
5・2　新しいスクリーニングシステム ………………………… 179
5・3　ケミカルバイオロジー …………………………………… 181
5・4　蛍光および発光化合物を用いた生命現象の解明 ……… 183
5・5　ゲノム科学および網羅的解析技術の進展とその影響 … 186

付録A　生物活性物質に関するノーベル賞受賞者 …………… 189
付録B　天然のアミノ酸の種類と構造 ………………………… 191

参 考 書 ………………………………………………………… 192

索　　引 ………………………………………………………… 195

コ ラ ム

イネ馬鹿苗病の原因究明 ……………………………………… 6
火落酸とメバロン酸 …………………………………………… 37
高峰譲吉と農芸化学 …………………………………………… 70
視床下部ペプチドの同定をめぐる熾烈な研究競争と日本人研究者 … 84
日本の養蚕業と昆虫ホルモン研究 …………………………… 100
「ファーブルの昆虫記」と性フェロモン研究 ……………… 108
ビタミン B₁ と鈴木梅太郎 …………………………………… 132
日本におけるペニシリン研究 ………………………………… 140
フグ毒の研究史と毒の起源 …………………………………… 160
下村脩と蛍光・発光タンパク質 ……………………………… 166
大村智と微生物創薬 …………………………………………… 168
植物の自家不和合性―自他の識別 …………………………… 178

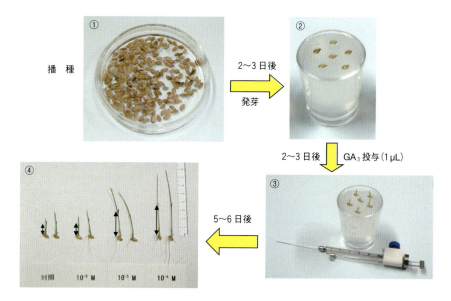

口絵1　ジベレリンの生物検定法　① イネ矮性種(短銀坊主)の種子を水に浸す．② 2〜3日後に発芽する．これを0.8％寒天上に芽が上になるように埋込む．③ さらに2〜3日後，第一葉と根が伸びてきたとき，マイクロシリンジでジベレリン溶液（あるいは検定試料溶液）1 μLを子葉鞘の付け根部分に塗布する．④ 5〜6日後，第二葉鞘(矢印の間)の長さを測定する．GA₃の標準液を用いた結果の一例を図1・3に示す．1章：p.6参照．

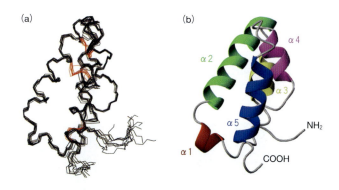

口絵2　クルマエビの脱皮抑制ホルモンの一次配列と立体構造　甲殻類においては，脱皮抑制ホルモンが眼柄内のX器官／サイナス腺で合成・分泌され，Y器官に作用して脱皮ホルモンの合成を抑制している．眼柄を切除すると，脱皮ホルモンの合成・分泌が開始する．大腸菌発現系を利用して合成したクルマエビ脱皮抑制ホルモンの組換え体を用いて，核磁気共鳴スペクトル解析により溶液中の立体構造が解明された．その結果，αヘリックスに富むまったく新しい折りたたみ構造を有することが明らかになった．(a) 安定構造10個の重ね合わせ．赤はS-Sを示す．(b) リボンモデル．α1〜α5はαヘリックスを表す．(c) 一次配列．アミノ酸残基の色は(b)のαヘリックスの色に合わせてある．2章：p.64参照．

口絵3 **カイコガの脱皮・変態を促す前胸腺刺激ホルモン(PTTH)の産生細胞** PTTHは脳内の左右2対の細胞(矢印)で生産され，神経軸索内を通ってアラタ体まで運ばれ，いったんそこに貯蔵され，刺激に応じて体液中に分泌される．PTTH抗体を用いて免疫染色したもの．脳とアラタ体の解剖学的位置関係は図3・29を参照．写真は溝口明氏提供．1章：p.7, 3章：p.96参照．

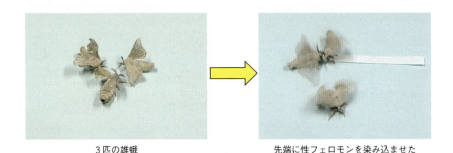

3匹の雄蛾　　　　　　　　　　先端に性フェロモンを染み込ませたろ紙を置くと，雄はとたんに興奮する

口絵4 **カイコ雄蛾の性フェロモンに対する反応**　1章：p.8, 2章：p.26参照

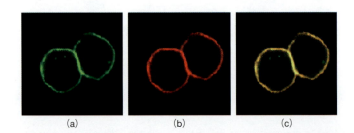

口絵5 **フェロモン生合成活性化神経ペプチド(PBAN)とその受容体(PBANR)の結合実験**
PBANRを発現した昆虫細胞を共焦点レーザー顕微鏡で細胞の輪切り像を観察した．(a)高感度緑色蛍光タンパク質(EGFP)を結合したPBANRを発現した昆虫細胞(細胞膜に局在)．(b) (a)の細胞に赤色蛍光化合物(ローダミンレッド-X)を結合したPBANを処理したもの．(c) (a)と(b)を重ね合わせると完全に黄色になったことから，昆虫細胞に発現したPBANRがPBANの受容体として機能していることを示している．5章：p.183参照．

生物活性物質の基礎

およそ45億年前に地球が誕生し，38億年前に最初の原始生命が出現したといわれている．その後，環境の変化とともに生命も進化を遂げてきた．生物は単細胞から多細胞体になり，より複雑になっていった．生命を維持するためには，多くの種類の有機化合物が必要となる．

生体は，細胞膜や細胞骨格をつくる化合物，エネルギーを獲得し，貯蔵するための化合物，細胞分裂や子孫を残すために必要な化合物，いろいろな物質を分解・合成するための酵素やその補助因子，生体内の恒常性を維持するための化合物，外界からの刺激や情報を受容し，伝達する化合物など，重要な機能を支える有機化合物をつくり出してきた．この地球上に繁栄するさまざまな生物が長い年月をかけて獲得してきた多様な生命活動の様式が，そのまま有機化合物の多様性の源になっている．

1·1 生物活性物質

生物の体内に含まれる有機化合物のほとんどすべてが，生命活動を営むうえで何らかの役割をもっている．それらのなかには，発生・分化，成長，生殖，恒常性維持などにおいて，きわめて微量で特有の作用を示すものがある．これらを総称して，**生物活性物質**（bioactive compounds, bioactive substances）とよんでいる．

図1·1に生物活性物質の分類を示した．生物活性物質は自分の体内でつくり出され，重要な働きをする"内因性"のものと，他の生物由来であるが，特有の作用を示す"外因性"のものに分けられる．

内因性の生物活性物質には，ホルモン，サイトカイン，増殖因子，フェロモンなどがある．ホルモン，サイトカイン，増殖因子は細胞に情報（シグナル）を伝達し，

さまざまな機能を調節する物質である．一方，フェロモンは体外に放出されて，同種の他の個体に作用する物質である．

図 1・1　生物活性物質の分類

外因性の生物活性物質には，ビタミン，二次代謝産物，薬理活性物質，生物毒などがある．ビタミンは生命維持のために外から摂取する必要がある微量化合物である．また，生命活動にとって本質的に必要であり，共通にそして大量に存在する"一次代謝産物"（核酸，アミノ酸，糖類，脂質など）のほかに，それぞれの生物が固有に生産する"二次代謝産物"がある．二次代謝産物は一次代謝産物から派生したものであり，多くの場合，生産者にとって生命を維持するために必須ではない．

植物や微生物が生産する二次代謝産物のなかには，天然由来の医薬品として利用されているものも多い．その代表が抗生物質と生薬（漢方薬）である．抗生物質は微生物により生産され，他の微生物を死滅させたり，増殖を阻止したりする作用があり，われわれは感染症などの治療薬として利用している．

さらに，自己防衛や餌の獲得の道具として，毒をつくり蓄える生物も存在する．このような生物毒も外因性の生物活性物質である．

本書では，さまざまな生物活性物質についての生合成を2章で，それらの化学構造と生物活性については，内因性の化合物を3章で，外因性の化合物を4章で，さらにこの分野の新たな展開について5章で述べる．

1・2　生物活性物質研究の流れ

個々の生物活性物質について具体的に述べるまえに，まず生物活性物質研究の全体的な流れについて簡単に整理しておこう（図1・2）．生物における個々の生命現象は，ある特定の原因物質（生物活性物質）によって担われることが多い．"生物活性物質化学"はその原因物質を明らかにする学問であり，生命現象を理解する礎と

1・2 生物活性物質研究の流れ

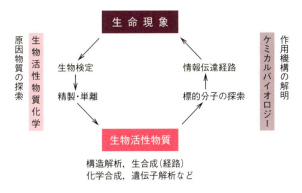

図 1・2 生物活性物質研究の流れ

なる．原因物質を探索し，精製するためには，個々の生命現象に応じた"生物検定法"が必要になる．たとえば，植物の伸長生長の場合は，植物（矮性の突然変異体）の芽生えあるいは植物体の一部を切り出したものに抽出物を与えたとき，抽出物を与えない対照区に比べて有意に伸長が促進されたかどうかで活性の有無を判定できる（口絵1参照）．もし，粗抽出物が有意な伸長活性を示したならば，その抽出物に生物活性物質が含まれていると判断できる．さらに，その物質が何であるかを知るためには，粗抽出物を分離して"精製"する必要がある．分離したそれぞれの画分について同様の生物検定を行い，伸長活性を示した画分については，さらに精製を進め，最終的に純粋な化合物を得る．このように単一化合物にまで精製することを"単離"という．生物検定法および生物活性物質の精製法の具体的な例については，それぞれ1・3節および1・4節で述べる．

生物活性物質を単離したら，つぎにその物質の"化学構造の解析"へと進む．正確な化学構造を決定するためには，最新の分析機器を最大限に活用する必要がある．天然物をそのまま分析に供するだけで，化学構造を決定できることもあるが，多くの場合は天然物からの誘導体あるいは分解物の構造を決定し，それをもとに元の天然物の構造を推定することが多い．最終的には，推定される構造をもつ化合物を"化学合成"し，天然物とその構造を比較することで確定することもある．本書では，すでに決定された化学構造を示すのみで，構造解析の実際については取扱わないので，他の専門書や実験書を参考にされたい．

生物活性物質が低分子有機化合物の場合は，必要に応じて，どのような経路により生体内で合成されるか（"生合成経路"）を調べることがある．重要な化合物につ

いては，生合成の各反応を触媒する酵素を同定し，それぞれの酵素の"遺伝子情報"まで取得する．2章では主要な生物活性物質の生合成経路を示しているが，一部を除いて生合成に関与する酵素についてはふれていない．

　生物活性物質がどのような機構で作用するのかを調べることは，対象とする生命現象を単なる現象としてではなく，物質レベルで詳細に理解するために必須である．そのためには，まず生物活性物質がどのような分子（標的分子という）に作用（結合）するのかを明らかにする必要がある．たとえば，ホルモンは受容体に結合すると，その情報がさらに先へ伝達され，最終的に目に見える現象をひき起こす．

　生物活性物質の作用機構の解明は，しばしばそれまで知られていない生体内あるいは細胞内反応や情報伝達経路などの新たな発見につながる．このような生物活性物質を起点にした生物学は，"ケミカルバイオロジー（化学生物学）"とよばれる．5章では，ホルモンの受容体と作用機構やケミカルバイオロジーの具体例とあわせて，新しい生物活性物質の探索方法や生命現象をリアルタイムで追跡する方法，さらにはゲノム科学がもたらす成果などについてふれた．

　このような生物活性物質研究の流れにもとづいて，新しい化合物が発見され，それらの構造解析や類縁化合物の化学合成などにより，構造と活性の関係や作用機構などの解明がなされる．これまでの生物活性物質研究においては，長い年月を要し，多くの研究者の努力の末に成し遂げられた例も数多く見られる．そして，これらの研究に関する情報が蓄積されて，生命科学の新たな局面が切り開かれてきた．また，その生物活性物質が重要であればあるほど，社会に対するインパクトも大きくなる．このように，生命科学の進歩のなかで新たな生物活性物質の果たす役割は計り知れない．巻末に付録として生物活性物質にかかわるノーベル賞受賞者と業績を掲げた．そのひとつひとつに生物活性物質の新たな歴史が刻まれている．この分野では長らく日本人のノーベル賞受賞者はいなかったが，2008年に下村脩がノーベル化学賞を，2015年に大村智がノーベル医学生理学賞を受賞した（4章 p.166, 168 のコラム参照）．今後も生命科学などの分野で得られた新たな知見を取入れ，生物活性物質化学のさらなる展開が期待される．

1・3　生　物　検　定

　生物検定（bioassay，バイオアッセイともいう）とは，生物体まるごとやその一部に対する生物活性物質の活性を測定することにより，その物質を定量することをいう．生体内に微量にしか含まれない生物活性物質を多量の夾雑物から分離精製し，

1・3 生 物 検 定 5

純粋な形で取出す（単離する）には，生物活性を検定することが必要になる．その理由は，ある精製法によって複数の画分に分離したとき，そのうちのどの画分に目的の生物活性物質が含まれているかを知る必要があるからである．

　目的の活性物質が含まれている画分がわかったら，さらに別の精製法を適用して分離し，それぞれの画分について同様の生物検定を行う．以下，同様の精製を繰返すことにより，夾雑物をほぼ完全に取除いてはじめて精製が完了する．生物検定はこのような生物活性物質の精製において鍵となる必要不可欠なものであり，以下の要件を備えていることが重要である．

① **操作が簡便であること**：場合によっては，非常にたくさんの画分の生物検定を行う必要がある．ひとつの検定に要する手間はできるだけ少ないほうが良い．また，短時間で結果を出せることが望ましい．

② **再現性が高いこと**：データの信頼性が高いことが望まれ，繰返しの実験によって再現性が高いことが必要である．また，ある特定の人だけができる検定法では信頼性がなくなる．

③ **特異性が高いこと**：ある特定の化合物あるいは化合物群に対してのみ生物活性を示すことが望ましい．

④ **微量で検定できること**：活性物質を精製する際には，精製法の検討を行いつつ，一段階ずつ精製を進めていくのが通例であるが，生物検定に割く試料は少なければ少ないほど良い．

⑤ **定量性があること**：投与量に依存した反応がある濃度範囲で認められることが必要である．定量性があれば，精製前と精製後の生物活性の強さ（活性の回収率）を把握することができる．生物活性物質の量が多いと，活性の回収率は問題にならないこともあるが，もともとの目的物の量が少ない場合は，回収率が高くないと，最終的に単離できる量が少なくなり，構造解析は困難になる．

　以下に植物，動物，微生物を用いたいくつかの代表的な生物検定法の例をあげる．これらの方法は実際にそれぞれの活性物質の精製に用いられた．しかし，これらの方法が必ずしも上述のすべての条件を満足しているわけではない．

例1　ジベレリンの生物検定法

　ジベレリンは植物ホルモンの一種であり（2・4・3節および3・1・1節参照），も

ともとイネ馬鹿苗病の原因物質であったことから，ジベレリンの生物検定のひとつ
としてイネが用いられている（口絵1参照）．また，ジベレリンの生合成能を欠損し
た矮性種（背丈が伸びない突然変異種）がジベレリンに対する感度が高いことから，
これを用いて行われている．まず，殺菌した矮性種のイネ（短銀坊主）の種子を水道
水に浸して 30 ℃，暗所で放置すると 2～3 日後に発芽する．幼葉鞘の長さが約 1 mm
に達したものを選び，0.8 ％寒天上に移植し，さらに 2～3 日間生育させる．その後，
50 ％アセトン水溶液に溶かした被検液 1 μL を子葉鞘と第一葉のつけ根部分にのせ
るようにして投与し，2000 ルックス以上の連続光照射下で 30 ℃ で生育させる．
5～6 日後，対照のイネが第三葉を出し始めたころに，それぞれのイネの第二葉鞘
の長さを測定する．この方法によって，GA₃（ジベレリン A₃）では 10^{-6}～10^{-4} M
の間で定量ができる（図1・3）．

イネ馬鹿苗病の原因究明

　イネ馬鹿苗病は，徒長により枯死することから昔から稲作においては大問題で
あった．1898 年農林省農事試験場の堀正太郎は，病変部から分離した馬鹿苗病菌
をイネに接種すると馬鹿苗病が再現できたことから馬鹿苗病菌によってひき起こ
されることを初めて示した．しかし，感染するとなぜ徒長するのかについてはわ
からなかった．1926 年，台湾農事試験場の黒沢栄一は馬鹿苗病菌が分泌する物質
が原因であることを初めて示した．台湾博物学会誌に公表された「稲馬鹿苗病菌
の分泌物に関する実験的研究（予報）」で，以下の結論を得ている．
　1. 稲馬鹿苗病は稲の伸長を促す一種の毒素を分泌する．
　2. その毒素は稲の伸長を促すほかに，葉緑素の形成および根の発育を阻害す
　　る．
　3. その毒素は稲だけでなく，他の植物に対して同様の作用を示す．
　4. その毒素は 100 ℃，4 時間おいても変化することは少ない．
　5. その毒素を分泌することは本菌の特徴である．
　6. 稲の品種によって効果は異なる．
　7. 稲はこの毒素に対して抗毒素を新生できない．
　この過程で，イネ馬鹿苗病菌の分泌物（毒素）の効果を調べるために複数の品
種のイネおよび他の植物を用いて生物検定を行った．この実験をもとに，毒素の
精製，構造解析へ研究は発展し，ジベレリンがイネ馬鹿菌病の原因物質であり，
さらに植物自身のホルモンのひとつであることも明らかとなった．

1・3 生物検定

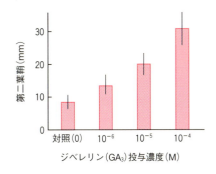

図 1・3 ジベレリンの生物検定結果

例2 カイコガの前胸腺刺激ホルモンの生物検定法

前胸腺刺激ホルモン（prothoracicotropic hormone, PTTH）は昆虫の脳でつくられ神経軸索を通ってアラタ体に貯蔵され（口絵3参照），そこから血液中に放出されて前胸部に1対存在する前胸腺を刺激し，脱皮ホルモンであるエクジステロイドの合成と分泌を促す活性をもつ（3・1・3節参照）．生物検定には図1・4(a) に示す蛹から成虫への変態の誘導を利用する *in vivo* 法が用いられている．すなわち，カイコガが蛹になった直後に外科的に脳を摘出すると，その時点ではまだ前胸腺刺激ホルモンが分泌されていないので，成虫への発生が停止してしまう．そのような蛹を除脳永続蛹（あるいは単に除脳蛹）という．この除脳永続蛹に脳の抽出物を注射すると，再び成虫発生が開始し，約2週間後に成虫化する（図1・4b).

この生物検定法では1回の検定に2週間を要することになるが，実際には将来翅になる部分を実体顕微鏡下で観察すると，注射後5日程度で成虫化への進行を判定することが可能である．もし，活性が高いと注射後3日で，活性が弱くなるにつれて4日後，5日後，6日後に初めて成虫化の兆候が見られ，それらをスコア化して活性を評価する．すなわち，3日目をスコア4，4日目をスコア3，5日目をスコア2，6日目をスコア1，7日目以降はスコア0，として各濃度のスコアの平均値を投与量（対数目盛）に対してプロットすると，図1・4 (b) に示すようなグラフが得られる．脳 0.01～0.8 個相当量の間でほぼ直線的に反応が上昇していることがわかる．1 個相当量以上の注射では，すべての個体が3日目で成虫化の兆候が見られる．1回の結果が得られるまでに，少なくとも7日を要する．

例3 昆虫の性フェロモンの検定法

空間的に遠く離れた雌雄の昆虫間の情報伝達は化学物質（**性フェロモン**, sex pheromone）によってなされる．昆虫には性フェロモンを雌が出す種と雄が出す種

(a)

蛹(右)と羽化中(左)のカイコガ　　羽化した直後のカイコガ
　　　　　　　　　　　　　　　　左は脱皮した後の蛹の殻

(b)

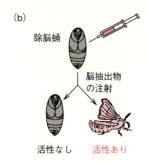
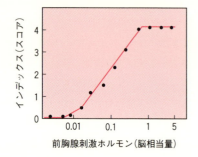

図 1・4　カイコガの変態(a)および前胸腺刺激ホルモンの生物検定法とその結果(b)

がある．カイコガは前者の代表的な例で，性フェロモン（ボンビコール）が最初に同定された種である（2・2・4節および3章 p.100のコラム参照）．カイコガでは，羽化すると雌は腹部の末端に存在するフェロモン腺からボンビコールを放出し，雄を性的に興奮させ，誘引する．雄は触角でボンビコールを受容し，最終的に雌と交尾する．検定は雄の行動を観察することによって行う（口絵4参照）．フェロモン腺からの抽出物あるいは精製物を n-ヘキサンに一定濃度になるように溶かし，これに細く切ったろ紙を浸し，風乾した後，雄の触角に近づける．もし，性フェロモン活性があると雄は興奮し，翅を激しく震わせる．さまざまな生物活性物質のうちで，性フェロモンは最も微量で活性を示すことで特徴づけられる．

例4　抗生物質生産菌の探索法（抗菌活性の検定法）

　土壌を採取し，耳かき一杯の土を滅菌水に懸濁する．9 cmシャーレに固めた寒天培地の表面に，スプレッダーを用いて懸濁水の一部を軽く塗り付ける．数日後，培地上にコロニーが出現したら，滅菌した爪楊枝を用いて新しい培地に植え換え，分

離培養を行う．分離したコロニーは試験管を用いて斜面培養する．このようにして各種微生物を収集する．斜面培地で培養した菌を白金耳で液体培地に接種する．細菌は 37 ℃，酵母，放線菌，カビは 25 ～ 30 ℃ で培養する．

　数日間培養して増殖してきたら，ろ過し，菌体と培養液を分離する．培養液はそのまま被検定溶液とする．菌体はメタノール抽出する．直径約 8 mm の滅菌したろ紙を培養液あるいはメタノール抽出液に浸し，風乾する．このろ紙を検定菌を含む寒天培地上に置き，培養する．もし，ろ紙に抗生物質（抗菌物質）が含まれていれば，ろ紙のまわりの検定菌の生育が抑えられ，阻止円（検定菌が生えないために透明になる）が形成される（図 1・5）．

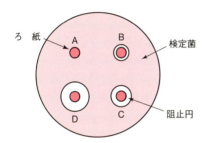

図 1・5　**抗菌活性の検定**　A は対照（抗菌物質は含まれない）．B，C，D のろ紙は抗菌物質を含み，この順で抗菌活性が高くなっている．

例 5　異担子菌酵母の接合フェロモンの検定法

　隔壁をもつ担子器により胞子を外生する異担子菌酵母では，一倍体の有性世代と二倍体の無性世代が存在する．異担子菌酵母の一種 *Rhodosporidium toruloides* では，有性世代は接合型 A と接合型 a とよばれる 2 種類の細胞からなる．A 細胞が接合因子（A ファクター）を分泌すると，a 細胞はこれを感知して接合管を伸ばす．a 細胞は，A 細胞からの刺激によって別の接合因子（a ファクター）を分泌する．A 細胞は a ファクターに反応して接合管を伸ばす（図 3・52 参照）．

　接合フェロモン（3・2・2 節参照）の生物検定は，この現象を利用して行われる．a 細胞を一定時間培養した後，薄い寒天フィルムの中に固定する．その小片を切り出し，これを A 細胞の培養液あるいはその精製画分から調製した被検試料の入った希釈溶液に浸し，一定時間後に接合管がどの希釈濃度まで形成されているかを顕微鏡下で観察する．

1・4　生物活性物質の精製，単離

　生物活性物質の存在が明らかになると，それがどのような化合物であるかを解明

する研究が開始される. 通常, 精製は生物検定法と併用して行う. **精製** (purification)
とは, 多くの夾雑物を含んだ試料の中から, 目的の生物活性を有する化合物だけを
純化する過程をいい, 最終的にひとつの純粋な化合物を取出すことを**単離**
(isolation) という.

精製を行うためには, あらかじめ生物活性物質の物理化学的性質を知る必要があ
る. 脂溶性か水溶性か, 酸性物質か塩基性物質か, あるいは中性物質か, 分子量が
大きいか小さいか, などである. そのためには, 簡単な予備実験を行い, 大まかな
物理化学的性質を把握しておく必要がある. この際にも当然, 生物検定が行われる.
そして, 個々の化合物がもつ特有の物理化学的性質を巧みに利用して最終的に単一
化合物にまで精製する. 精製の段階は少ないほど良いし, また各段階の精製効率が
高いことが望ましい.

1・4・1 化合物の物理化学的性質と精製法

精製にはさまざまな方法があるが, 化合物の物理化学的性質と対応させるとつぎ
のようにまとめることができる.

① 溶解性, 分配性——溶媒分画, 向流分配法, ペーパークロマトグラフィー,
　分配クロマトグラフィー, 分別沈殿法, 光学分割, 結晶化
② 沸点, 昇華性——ガスクロマトグラフィー, 水蒸気蒸留, 昇華
③ 分子量——透析, 限外ろ過, サイズ排除クロマトグラフィー (ゲルろ過),
　SDS-ゲル電気泳動
④ 電荷の性質——電気泳動, 等電点電気泳動, イオン交換クロマトグラフィー
⑤ 極性——吸着クロマトグラフィー, 逆相 (疎水性) クロマトグラフィー
⑥ 化学的, 生化学的安定性——熱, pH および酵素や化学試薬に対する安定性

活性成分は, クロマトグラフィーを含む上述の方法により精製される. クロマト
グラフィーは, 混合物を二つの相 (固定相と移動相) に対する分配係数や相互作用
の強さの違いによって分離する方法であり, 移動相の種類(気体あるいは液体など),
固定相の性状によって表1・1のように分類される.

実際にどのような精製法を組合わせるかは試行錯誤になるが, 分離する化合物の
量も加味しなければならない. 方法によって大量の試料を扱えるものと, 少量の試
料しか扱えないものとがあり, この点を考慮する必要がある. また, 特に限られた

1・4 生物活性物質の精製，単離

表1・1 クロマトグラフィーの分類

クロマトグラフィーの名称	移動相[*1]	固定相	支持体	分離の原理
ペーパークロマトグラフィー	液体	固体	ろ紙	分配・吸着
ガスクロマトグラフィー	気体	液体・固体	シリカゲル，樹脂など	分配
薄層クロマトグラフィー	液体	固体	シリカゲル，アルミナなど	分配・吸着
カラムクロマトグラフィー				
吸着…	液体	固体	シリカゲル，活性炭など	吸着
サイズ排除…[*2]	液体	固体	多孔質ゲル	分子ふるい
イオン交換…	液体	固体	陽・陰イオン交換体	イオン交換
アフィニティー…	液体	固体	リガンドを固定化した担体	特異的親和性

*1　移動相が気体の場合はガスクロマトグラフィー，液体の場合は液体クロマトグラフィーという．

*2　移動相が水溶液の場合をゲルろ過クロマトグラフィー，有機溶媒の場合をゲル浸透クロマトグラフィーという．

材料しかない場合は，まず少量でパイロット（試行）実験を行って，精製法を確認しながら残りの材料からの精製を進める必要がある．最終的に単離できたかどうかの判断も重要になる．低分子化合物の場合は，結晶化できるかどうか，各種スペクトル解析や比活性の値からの判断など，また，高分子化合物の場合は電気泳動や質量分析など，それぞれ複数の判断基準が必要となる．

1・4・2　精製法の実際例

以下に，代表的な例として三つの生物活性物質の精製法について述べる．

例1　タケノコのジベレリン

最初は植物病原菌の毒素として単離されたジベレリンは，その後高等植物にも存在することが明らかとなったが，当初は未熟種子からの抽出同定のみであった．ジベレリンの生理作用を考えると盛んに伸長生長している植物に含まれている可能性が高いと考えられ，生長速度が速いタケノコについて調べられたところ，抽出物に確かに伸長生長活性物質が存在することがわかった．

そこで，まず44トンのタケノコの煮汁を減圧濃縮し，pH3で酢酸エチルを用いて抽出した．つぎに，酢酸エチル相を炭酸水素ナトリウム（重曹）溶液で抽出したところ，活性は水相に回収された．再びpH3に調整して酢酸エチルで抽出した．この酢酸エチル相について酢酸エチル-リン酸緩衝液で10回移行させる向流分配を行い，両端の画分を除き，2〜10の画分を集めた．これを活性炭のカラムにかけ，アセトン-水の割合を段階的に変えて溶出したところ，活性は60〜80％アセトン溶液に回

収された．これをシリカゲル吸着クロマトグラフィーにかけ，ベンゼン-酢酸エチル系で段階的に溶出したところ，1:1溶出画分に活性が回収された．

さらに，シリカゲルを用いた分配クロマトグラフィーにより精製したところ，ベンゼン-n-ブタノール（95:5）溶出画分に回収された．これをアセトン-ヘキサン溶液から結晶化することによって，約 14 mg のタケノコジベレリン（GA_{19}）が得られた（図 1・6）．活性の回収率は約 25 % であった．GA_{19} はジテルペンである（図 3・4 参照）．

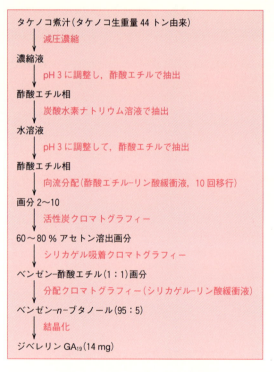

図 1・6　タケノコジベレリンの精製

例 2　カイコガの前胸腺刺激ホルモン

1・3節の例2で取上げた前胸腺刺激ホルモン（PTTH）の脳内含量はきわめて低いことから，大量の抽出材料が必要と考えられたため，カイコの脳ではなく，雄蛾頭部が用いられた．50万個の頭部（375 g）からの精製手順を図 1・7 に示す．精製は大まかに四つの段階からなる．すなわち，抽出する前の前処理と抽出（1～3段

階),抽出物をクロマトグラフィーで分離できる程度に少なくするためのおもに沈殿法を用いた粗精製の段階 (4〜6 段階),オープンカラムを用いたクロマトグラフィーによってある程度まで精製物を少なくする段階 (7〜11 段階),および高速液体クロマトグラフィー (high-performance liquid chromatography, HPLC) によって精密に分離する段階 (12〜16 段階) である.

PTTH は水溶性が高いため,前処理としてアセトンおよび 80% エタノールに溶ける不要なものを除いた後,2% 食塩水で抽出された (1〜3 段階).熱安定性が高いこと,アセトンで沈殿すること,硫酸アンモニウムで沈殿することを利用して,精製が進められた (4〜6 段階).続いて,分子ふるい (7 段階) および電荷の性質を利用してイオン交換クロマトグラフィー (8, 9 段階) によって分離され,さらに疎水性の程度 (10 段階) によって分離され,再度分子ふるい (11 段階) によってより精密に分離された.このようにして得られた活性画分を逆相 (12〜14 段階) および陽イオン交換 HPLC (15 段階) を用いて精密分離し,最終的に逆相 HPLC (16 段階) によって約 5 μg の PTTH が得られた.逆相 HPLC ではカラム,溶出溶媒および溶

図 1・7 カイコ雄蛾頭部からの前胸腺刺激ホルモンの精製　TFA：トリフルオロ酢酸,HFBA：ヘプタフルオロ酪酸

出条件を変えた．活性の回収率は3.3％であった．PTTHは糖タンパク質である（図3・32参照）．

例3 アフラスタチンA

アフラスタチンAは，強力な発がん作用を有するアフラトキシンを生産するカビ（*Aspergillus parasiticus* など）に作用してカビの生育には影響を与えずに，アフラトキシンの生産のみを阻害する，放線菌 *Streptomyces sp.* が生産する化合物である．

アフラスタチンAの精製を図1・8に示す．放線菌の培養液（4.3 L）をろ過して菌体を回収し，これを1.2 Lのメタノール中で撹拌しながら抽出した．メタノール抽出液を減圧濃縮し，水で飽和した n-ブタノールで抽出した．その n-ブタノール溶液を0.5％炭酸水素ナトリウムで洗浄した後，減圧濃縮した．この濃縮物をテトラヒドロフランに激しく懸濁後，沈殿物を得た．この沈殿物をろ別し，クロロホルム-メタノール（2:1）混合液に懸濁した．得られた不溶物をメタノールで洗浄して，粗アフラスタチン画分（632 mg）を得た．これを逆相高速液体クロマトグラフィーで精製し，アフラスタチンAを培養液4.3 Lから540 mg得た．アフラスタチンAは鎖状のポリケチド化合物である（図4・56参照）．

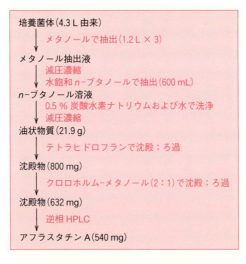

図1・8 アフラスタチンAの精製

生合成から見た生物活性物質

　天然に存在する何十万という数の有機化合物を整理するには，どのような方法があるだろうか．また，そのなかで生物活性物質はどのように分類できるだろうか．化学構造の類似する化合物を集めてグループ化したとしても，グループごとのつながりがはっきり見えてくるとは限らない．

　生物活性物質を整理する便利な方法として，類似の"生合成経路（biosynthetic pathway）"によって合成される化合物群をひとまとめにするものがある．生体内では，エネルギーを消費して，簡単な化合物から複雑な化合物の合成が行われており，これを **生合成**（biosynthesis）とよんでいる．この生合成経路によって，生物活性物質をいくつかに分類することができる．このような分類に慣れると，化学構造が形づくられる過程が明らかとなり，類似性の見えない化合物同士でも，それらの生合成経路を推定することが可能になる．

　一方，生物活性物質がもっている活性や機能から化合物群をまとめることもできる．このような分類は，生合成経路からの分類とはまったく異なるものである．さまざまな生物活性物質に関して，生合成を縦軸に，機能を横軸にとると，それらを座標軸とする平面上に位置付けることができる（表 2・1）．この章では，活性や機能については簡単にとどめ，3 章および 4 章で詳しく述べることにする．

2・1　主要な生合成経路

　どんな複雑な化合物でも生合成という観点から見ると，必ず小さな単位構造の積み上げによってつくられていることがわかる．その単位構造が何であるか，またそれがどのように積み上げられるかによって分類が可能になる．このような生合成経

16　　　　　　　　　　**2.　生合成から見た生物活性物質**

路が明らかになると，まったく異なるように見える化合物同士の間にも関連性が見えてくる．

　主要な生合成経路の概略を図2・1(a)～(d)に示した．個々の生物がつくる化合物の多様性を考えると，生合成経路は生物によってかなり異なることが容易に推定できる．きわめて大雑把であるが，植物については図2・1(b)に，動物については図2・1(c)に，微生物については図2・1(d)に示した．

　しかしながら，植物，動物，微生物がすべてこのような生合成の能力をもってい

表2・1　生物活性物質の分類一覧

生合成経路	機能（作用）		
	植物ホルモン 増殖因子	昆虫，甲殻類のホルモン， フェロモン	脊椎動物のホルモン， 神経伝達物質，ビタミン
脂肪酸	ジャスモン酸	蛾の性フェロモン チャバネゴキブリの性フェロモン 階級分化フェロモン（女王物質）	プロスタグランジン ロイコトリエン トロンボキサン
ポリケチド			
テルペノイド （イソプレノイド）	ジベレリン アブシジン酸 ブラシノラクトン ストリゴラクトン	ワモンゴキブリの性フェロモン（ペリプラノンB） 脱皮ホルモン（エクジステロイド） 幼若ホルモン ファルネセン酸メチル	性ホルモン 糖質コルチコイド 鉱質コルチコイド ビタミンA, D, E, K
シキミ酸	オーキシン		甲状腺ホルモン
アルカロイド	サイトカイニン		セロトニン，ドーパミン，アドレナリン，ノルアドレナリン，アセチルコリン，GABA，グルタミン酸，ヒスタミン
ペプチド タンパク質	フィトスルホカイン 花成ホルモン	前胸腺刺激ホルモン，アラトトロピン，休眠ホルモン，フェロモン生合成活性化神経ペプチド，アラトスタチン，羽化ホルモン，赤色色素凝集ホルモン，色素拡散ホルモン，脱皮抑制ホルモン，血糖上昇ホルモン，造雄腺ホルモン	下垂体ホルモン（成長ホルモン，甲状腺刺激ホルモン，生殖腺刺激ホルモン，コルチコトロピン，プロラクチン，エンケファリン，エンドルフィン），視床下部ホルモン（TRH, GnRH），インスリン，グルカゴン，消化管ホルモン，増殖因子

2・1 主要な生合成経路   17

ることを意味しているわけではない．たとえば，脊椎動物と無脊椎動物では異なる点がかなりあるし，脊椎動物においてもヒトと魚類では異なるところがたくさんある．また，微生物でも真正細菌，古細菌，真菌では異なる点があるし，種によっても固有の特徴をもっている．植物，動物，微生物のすべてを合わせたものが図2・1（a）になる．ただし，ここには必ずしもすべての化合物群を示しているわけではない．たとえば，アミノ酸，核酸，単糖の生合成は一部しか示していない．これらは，生物が生きていくうえで必須の化合物であり，"一次代謝産物"とよばれている．

表 2・1 生物活性物質の分類一覧（つづき）

生合成経路	機 能（作 用）		
	微生物のホルモン，フェロモン	抗生物質，薬理活性物質，抗がん物質，酵素阻害剤など	マイコトキシン，水棲生物毒，その他の毒
脂肪酸		セルレニン	
ポリケチド	A ファクター	テトラサイクリン マクロライド イオノホア抗生物質 アフラスタチン コンパクチン，タクロリムス ラパマイシン アベルメクチン ハリコンドリンB	アフラトキシン パリトキシン マイトトキシン
テルペノイド（イソプレノイド）	アンセリジオール オーゴニオール シレニン トリスポリン酸	アフィディコリン パクリタキセル（タキソール） グリシノエクレピンA ソラノエクレピンA	オフィオボリン ホルボールエステル
シキミ酸		アンサマイシン	
アルカロイド		モルヒネ，コカイン，ニコチン，コルヒチン，レセルピン，ベルベリン，エフェドリン，カフェイン，ET722	テトロドトキシン サキシトキシン アコニチン ストリキニーネ
ペプチド タンパク質	異担子菌酵母の接合フェロモン 子のう菌酵母の接合フェロモン	ペニシリン セファロスポリン アクチノマイシンD バンコマイシン グラミシジンS デストラキシン シクロスポリン	ファロトキシン メリチン（ハチ毒） エラブトキシン プリオンタンパク質 コノトキシン

2. 生合成から見た生物活性物質

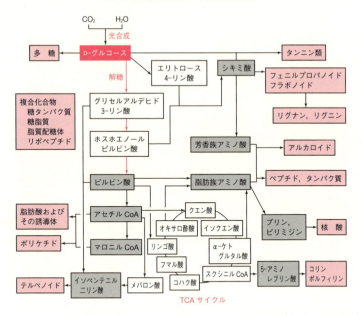

図 2・1(a)　天然有機化合物の基本生合成経路（植物，動物，微生物すべてを含む）

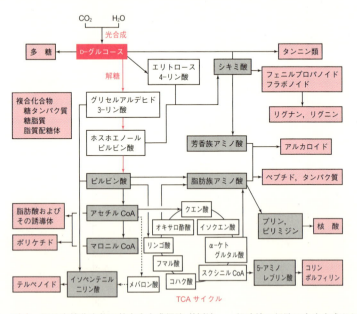

図 2・1(b)　天然有機化合物の基本生合成経路（植物）　一部破線の経路でも生合成される．

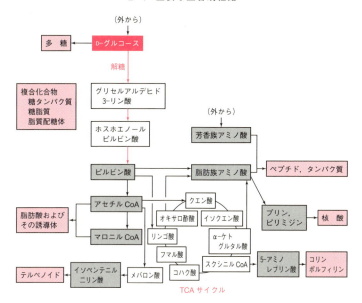

図 2・1(c)　天然有機化合物の基本生合成経路（動物）

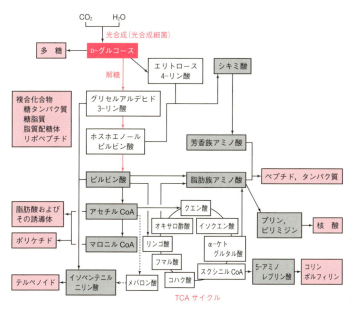

図 2・1(d)　天然有機化合物の基本生合成経路（微生物）　破線の経路は糸状菌と一部の真正細菌において存在する．

20　　　　　　　　　　**2. 生合成から見た生物活性物質**

また，すべての天然有機化合物の生合成経路がわかっているわけではない．一見
しただけで，生合成経路が推定できるものはむしろ少なく，複雑な構造を有する化
合物はそのひとつひとつについて生合成経路を調べなければならない．個々の化合
物の生合成経路の解明に基づいてはじめて，図2・1 (a)〜(d) が描かれたのである．

2・1・1　天然有機化合物の生合成の全体像

ここでは図2・1 (a) に従って，天然有機化合物の生合成の全体を概説する．有機
化合物の源は，緑色植物などの生物において二酸化炭素と水から太陽エネルギーを
利用した光合成によりつくられる**糖 (グルコース)** である．光合成は太陽エネルギー
を利用して無機炭素を有機炭素に変換する重要な反応である．グルコースはそのま
まあるいは他の糖に変換された後，一部は重合して多糖になる．これらのなかで，
グリコーゲンやデンプンは貯蔵多糖として広く存在している．また，セルロースや
キチンは天然の繊維であり，紙や医用材料などとして利用されている．糖はさまざ
まな低分子有機化合物と結合して配糖体として存在しているばかりでなく，タンパ
ク質と結合して糖タンパク質となり，生物活性を調節する役割も果たしている．

一方，解糖によって，グルコースはホスホエノールピルビン酸を経てピルビン酸
になる．そして，さらにピルビン酸はアセチル CoA (図2・3 参照) になる．この
アセチル CoA を出発として，酢酸を単位として生合成される化合物群である脂肪酸
やポリケチドが合成される．

また，アセチル CoA 3分子から合成されるメバロン酸を経てつくられるイソペン
テニル二リン酸を出発としてテルペノイドが合成される ("メバロン酸経路" とよば
れる)．これには，ステロイド化合物やカロチノイドなどきわめて重要な化合物が含
まれる．近年，イソペンテニル二リン酸は別の生合成経路によってもつくられるこ
とが明らかにされた．すなわち，グルコースから導かれるグリセルアルデヒド 3-リ
ン酸とピルビン酸から合成される経路であり，前者と対比して "非メバロン酸経路"
とよばれている．

グルコースから導かれるホスホエノールピルビン酸とエリトロース 4-リン酸か
らシキミ酸が合成され，このシキミ酸を出発にして芳香族アミノ酸，フェニルプロ
パノイド，フラボノイドがつくられる ("シキミ酸経路" とよばれる)．フェニルプ
ロパノイドは地球上で最大の分子量をもつといわれる植物のリグニンの原料であ
る．脂肪族アミノ酸はピルビン酸を出発にして合成される．含窒素化合物群である
アルカロイドやペプチド，タンパク質は芳香族および脂肪族アミノ酸から合成され

2・2 脂肪酸とその関連化合物　　　21

る．核酸の塩基であるプリン骨格やピリミジン骨格は，脂肪族アミノ酸や二酸化炭素などから合成される．さらに，核酸は核酸の塩基とリボースあるいはデオキシリボースを原料にしてつくられる．

2・1・2　生合成と酵素反応

　生合成の大部分の反応には**酵素**（enzyme）が触媒として働いている．これらの酵素はタンパク質であり，タンパク質のアミノ酸配列は遺伝子にコードされている．同様に低分子有機化合物も，その生合成の制御に関する情報は生物固有のゲノムにすべて書き込まれている．下等な生物では，ひとつの二次代謝産物の生合成にかかわる遺伝子は一塊になっていることが多く，生合成の制御はより単純であるが，高等な生物になるほど複雑になる．本書では，生物活性物質の生合成酵素の遺伝子までは扱わないので，他の成書を参照されたい．

　この章では，基本的な低分子有機化合物を出発にして複雑な有機化合物がどのようにしてつくられるかを見ていきたい．また，多糖や核酸などの高分子化合物の生合成については，ここでは特には取上げないことにする．

2・2　脂肪酸とその関連化合物

　脂肪酸（fatty acids）は通常，直鎖状の長い炭化水素鎖をもつカルボン酸のことをいう．また，炭化水素鎖が単結合のみでできたものを"飽和脂肪酸"，炭化水素鎖に二重結合を含むものを"不飽和脂肪酸"とよんでいる．脂肪酸はグリセリドとして生体膜の構成成分としてだけでなく，生体におけるエネルギー源として重要である．これは β 酸化（β 位の酸化）によって，脂肪酸に蓄えられていたエネルギーを取出すことによってなされる．

　それでは，脂肪酸は生体内でどのようにして合成されるだろうか．図 2・2 にその生合成経路を示す．まず，アセチル CoA カルボキシラーゼとその補酵素であるビオチンの作用によって，アセチル CoA と二酸化炭素からマロニル CoA が合成される．図 2・3 に CoA（補酵素 A）の酢酸エステル（アセチル CoA）の構造を示した．CoA はアデノシン 3′-リン酸-5′-二リン酸にパンテテインが結合した構造を有する．パンテテインの一部がパントテン酸である．アセチル CoA はチオエステル構造をもち，通常のエステルより反応性に富んでいる．マロニル CoA はアシルキャリヤープロテイン（ACP）との反応で，マロニル ACP に変換される．ACP は大腸菌では 77 アミノ酸残基からなるペプチドであり，36 残基目のセリン Ser の側鎖に CoA と同様，ホ

22　　　　　　　　　2. 生合成から見た生物活性物質

スホパンテテインが結合している（図2・4）.

　さらに，アセチル CoA とマロニル ACP の縮合反応および，それに続く脱炭酸反応によってアセトアセチル ACP に導かれる．これは，マロニル ACP の二つのカルボニル基にはさまれたメチレンプロトン（活性メチレン）が容易に引き抜かれ，カルボアニオンが生じ，このカルボアニオンがアセチル CoA のカルボニル炭素を求核

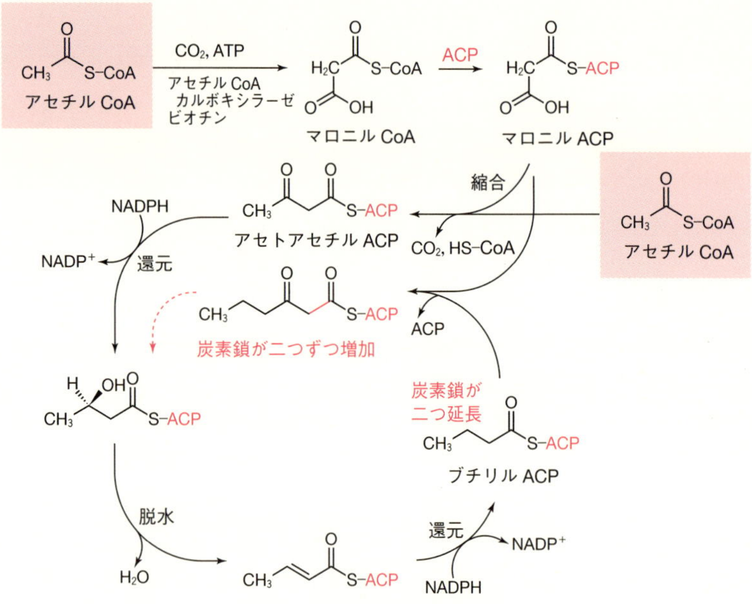

図 2・2　脂肪酸の生合成経路

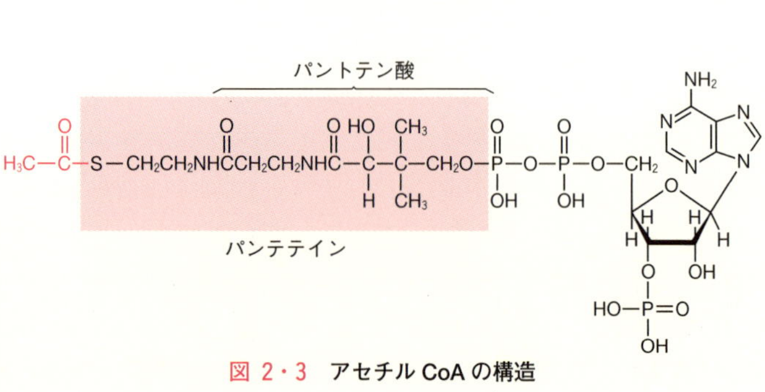

図 2・3　アセチル CoA の構造

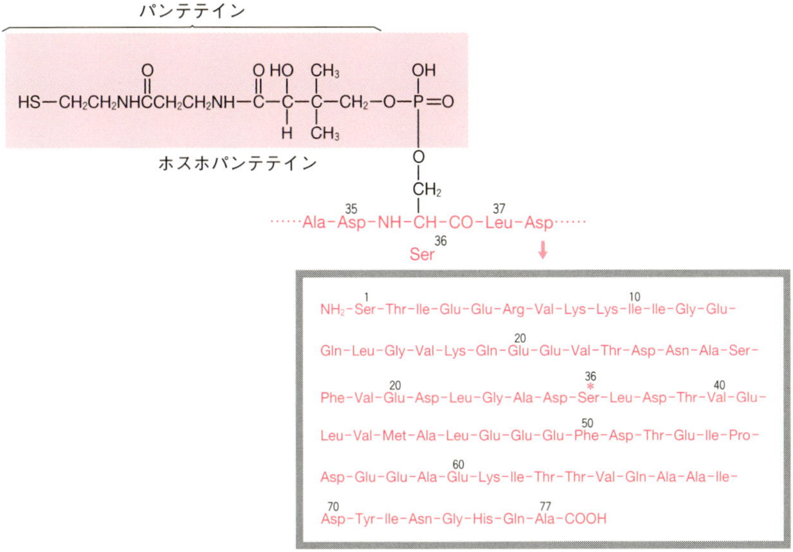

2・2 脂肪酸とその関連化合物   23

図 2・4　**大腸菌のアシルキャリヤープロテイン（ACP）の構造**　アミノ酸の三文字記号については巻末の付録参照．　＊ 36 残基目の Ser の側鎖にホスホパンテテインが結合

攻撃するためである．

　つぎに，アセトアセチル ACP のケトンがアルコールに還元され，さらに脱水される．その結果形成される二重結合は NADPH によって還元され，ブチリル ACP ができる．この時点で出発のアセチル CoA から炭素鎖が二つ延長されたことになる．このチオエステル（ブチリル ACP）にさらにマロニル ACP が反応し，同様の反応を繰返し，炭素鎖が二つずつ増えていく．最後に加水分解され，脂肪酸を生成する．

　したがって，天然に存在する大部分の脂肪酸は炭素数が偶数である．奇数炭素数の脂肪酸およびその誘導体は偶数炭素数の脂肪酸から変換されたものである．これらの一連の反応を触媒する酵素は集合して大きな複合体を形成している．

2・2・1　長鎖脂肪酸および不飽和脂肪酸

　炭素数 16（パルミチン酸）まではこの経路で生合成されるが，それより長鎖の脂肪酸および不飽和化反応は植物と動物で異なっている．植物では細胞質内の可溶性酵素によって，動物では小胞体膜に存在する酵素によって，マロニル CoA を 1 分子

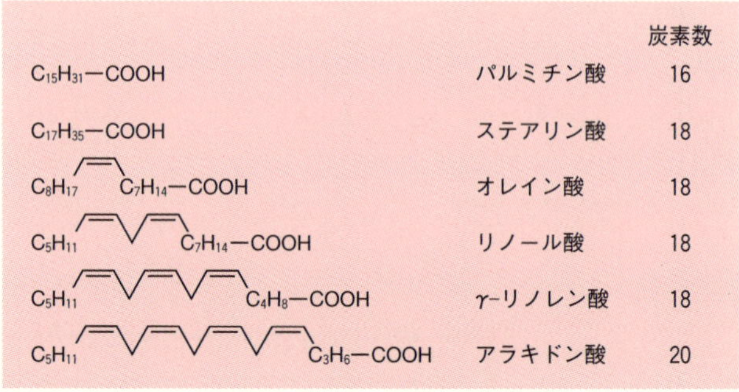

24 　　　　　2.　生合成から見た生物活性物質

		炭素数
$C_{15}H_{31}$—COOH	パルミチン酸	16
$C_{17}H_{35}$—COOH	ステアリン酸	18
C_8H_{17} ⌐ C_7H_{14}—COOH	オレイン酸	18
C_5H_{11} ⌐ C_7H_{14}—COOH	リノール酸	18
C_5H_{11} ⌐ C_4H_8—COOH	γ-リノレン酸	18
C_5H_{11} ⌐ C_3H_6—COOH	アラキドン酸	20

図 2・5　代表的な脂肪酸の構造

ずつ縮合し，還元，脱水，還元の一連の反応を繰返すことによって伸長し，偶数炭素数の長鎖脂肪酸が生合成される．代表的な脂肪酸を図2・5に示す．

　不飽和脂肪酸は植物においてはリノール酸（18：2（9, 12），この表示は炭素数が18で9位と12位に二つの *cis* 二重結合をもつことを意味する）からγ-リノレン酸（18：3（6, 9, 12））がつくられ，これに炭素鎖が二つ増えてジホモ-γ-リノレン酸（20：3（8, 11, 14））となり，さらに二重結合がひとつ増えてアラキドン酸（20：4（5, 8, 11, 14））が生合成される．

　動物ではステアリン酸（18：0）からオレイン酸（18：1）を合成することはできるが，オレイン酸からリノール酸（18：2（9, 12））を合成できないため，リノール酸を植物から摂取しなければならない．したがって，リノール酸は必須脂肪酸のひとつとなっている．

　脂肪酸の多くは生体内でグリセリンとエステルを形成し，細胞膜成分を構成している．上述したように，飽和脂肪酸のほかに二重結合がひとつまたは複数含まれる不飽和脂肪酸が存在する．その二重結合の幾何異性はすべて *cis* 配置であり，共役していないのが特徴である．

　リノール酸やγ-リノレン酸は血液中のコレステロール濃度を低下させる作用がある．ドコサヘキサエン酸（DHA）（22：6（4, 7, 10, 13, 16, 19）），エイコサペンタエン酸（EPA）（20：5（5, 8, 11, 14, 17）），アラキドン酸などは“高度不飽和脂肪酸”とよばれ，魚油に多く含まれ，リノール酸やγ-リノレン酸と同様の作用がある．アラキドン酸はつぎに述べるように，脊椎動物においてプロスタグランジンやトロンボキサンの原料としても重要である．また，γ-リノレン酸は植物においてジャスモ

ン酸の原料にもなっている．

2・2・2 プロスタグランジンおよびトロンボキサン

プロスタグランジン（prostaglandin, PG）類はアラキドン酸から合成される一連の化合物である（図 2・6）．アラキドン酸はリン脂質の成分であるが，細胞外からの刺激によってエステル結合が加水分解され，最初にシクロオキシゲナーゼの作用によって 5 員環を形成する．その後はさまざまな反応により，プロスタグランジン類や**トロンボキサン**（thromboxane, TX）類が合成される．これらの化合物はわずかな構造の違いで異なる生物活性をもつが，生成してから短時間で分解するという特徴をもつ．

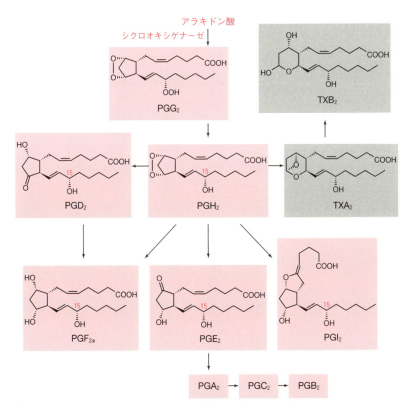

図 2・6　アラキドン酸から生合成されるプロスタグランジン（PG）類およびトロンボキサン（TX）類の構造

2・2・3 ロイコトリエン

ロイコトリエン（leukotriene, LT）類はプロスタグランジン類と同様に，アラキドン酸を出発として生合成される．リポキシゲナーゼの作用によって過酸化物がつくられ，それを起点にしてさまざまなロイコトリエンがつくられる（図2・7）．これらはアレルギーや炎症反応に関与している．

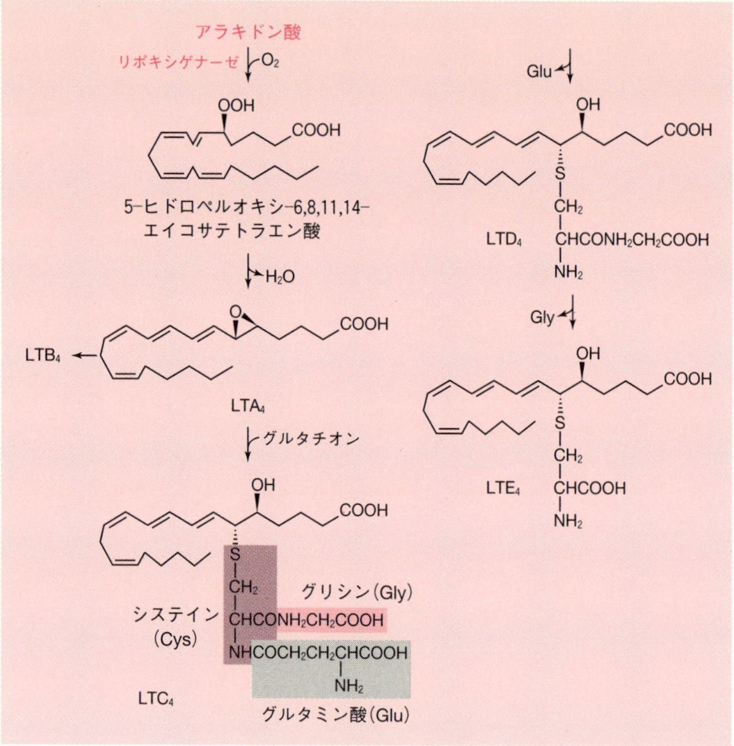

図 2・7　アラキドン酸から生合成されるロイコトリエン（LT）類の構造

2・2・4　蛾の性フェロモン

一般に，蛾類の雌は腹部末端から**性フェロモン**を放出し同種の雄を呼び寄せて（口絵4参照），交尾し，次世代をつくる．最初に単離，同定されたのはカイコガの性フェロモン，ボンビコールである（図2・8）．その後，続々と蛾類の性フェロモン

が単離され，それらの構造が明らかにされてきた．

　代表的な性フェロモンの構造を図 2・8 に示す．これらの構造の特徴は，基本的に直鎖状であり，二重結合を 1 個あるいは複数個含むことである．その末端はアルデヒド，アルコール，アルコール酢酸エステルなどになっている．

　カイコガの場合は，むしろ例外的に単一成分で性フェロモンの効果を発揮するが，多くの蛾類の性フェロモンは 2〜4 個の複数成分からなる．複数成分の場合，それぞれの構成成分は類似の構造を有し，それらの混合割合が性誘引活性に重要であることがわかっている．

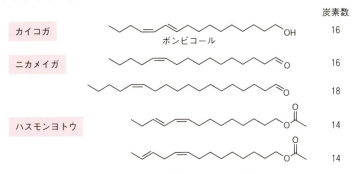

図 2・8　蛾類の性フェロモンの構造

2・2・5　ジャスモン酸

　植物ホルモンのひとつである**ジャスモン酸**およびそのメチルエステルは，リン脂質の成分であるリノレン酸がリパーゼの作用によって遊離し，それを原料にして数段階の反応を経て生合成される（図 2・9）．（＋）-7-イソジャスモン酸およびそのメチルエステルは，より安定な *trans* 体である（−）-ジャスモン酸およびそのメチルエステルに変換される．活性型は（＋）-7-イソジャスモン酸にイソロイシンが縮合した化合物であることがわかっている．

2・3　ポリケチドとその関連化合物

　ポリケチド（polyketide）類は酢酸単位がつぎつぎと縮合して生じる β-ケトメチレン鎖（−CH$_2$COCH$_2$COCH$_2$CO−…）から導かれる化合物の総称である．ポリケチドの生合成は，脂肪酸の生合成に類似している．図 2・10 に示すように，アセチル CoA とマロニル ACP が縮合した後，脂肪酸の生合成で見られた還元，脱水，水素添加の一連の反応を経ないで，そのままつぎのマロニル CoA との縮合反応が順次進

28   2. 生合成から見た生物活性物質

むと，奇数番目の炭素原子がケトンになった β-ポリケトン鎖 ACP ができる．二つのケトンにはさまれたメチレンはきわめて反応性が高いために，分子内あるいは分子間縮合反応を起こし，その組合わせに応じて多様な化合物が生じる．この生合成経路はおもに微生物および植物に存在し，芳香族化合物を合成する主要経路のひと

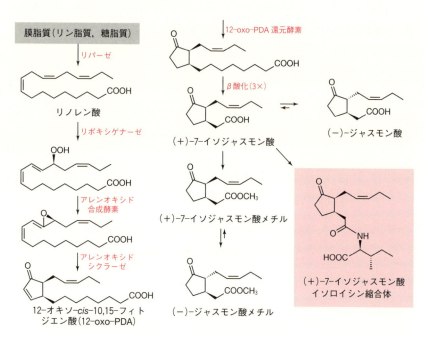

図 2・9　ジャスモン酸類の生合成経路

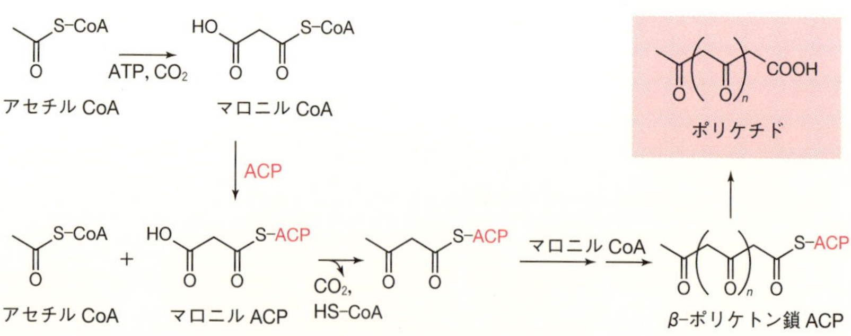

図 2・10　ポリケチド生合成経路

2・3 ポリケチドとその関連化合物

つである．典型的なポリケチド化合物の例を以下に示す．

2・3・1 置換基を有するベンゼン誘導体

四つの酢酸単位からなるテトラケチドが二通りの分子内環化反応によって，**オルセリン酸**と**フロラセトフェノン**ができる（図2・11）．

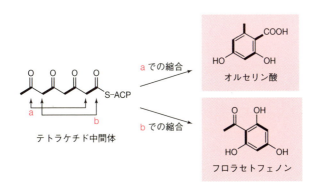

図 2・11 テトラケチドからの二つの化合物の生合成 太線は酢酸単位を示す．

2・3・2 ナフトキノン類

ナフトキノン（naphthoquinone）類はナフタレンの片方のベンゼン環が酸化され，パラキノンになった化合物である．三つの酢酸単位からなるトリケチドと五つの酢酸単位からなるペンタケチドが分子間で縮合し，脱炭酸してできたものが**モリシン**である．モリシンはカビの一種 *Mollisia caesia* が生産するナフトキノン系抗生物質である（図2・12）．また，八つの酢酸単位からなるオクタケチドから分子内縮合反

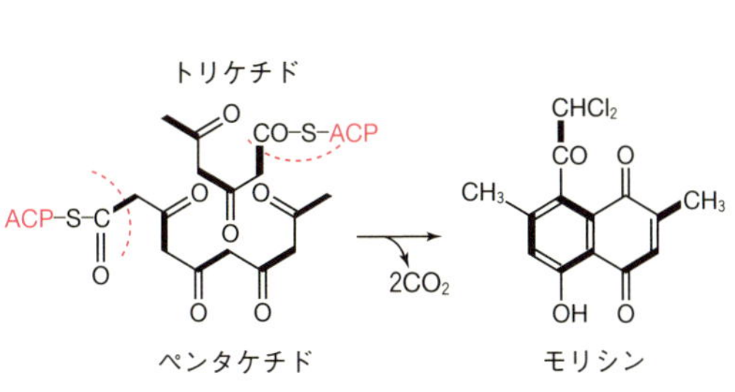

図 2・12 トリケチドとペンタケチド間の縮合によるモリシンの生合成
太線は酢酸単位を，破線はいずれ脱炭酸によって除かれることを示す．

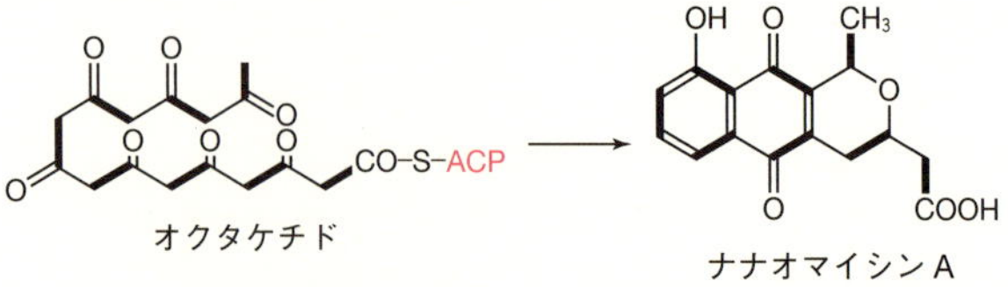

図 2・13　オクタケチドからのナナオマイシン A の生合成
太線は酢酸単位を示す.

応によって**ナナオマイシン A** が生合成される（図 2・13）．この化合物は放線菌
Streptomyces rosa によって生産される抗生物質である.

2・3・3　アントラキノン類

　アントラキノン（anthraquinone）類はベンゼン環が三つつながったアントラセン
の中央のベンゼン環が酸化されてパラキノンになった化合物である．薬用植物ダイ
オウの黄色色素である**エモジン**は，ナナオマイシンと同様に八つの酢酸単位からな
るオクタケチドが異なる分子内縮合反応によって生合成される（図 2・14）.

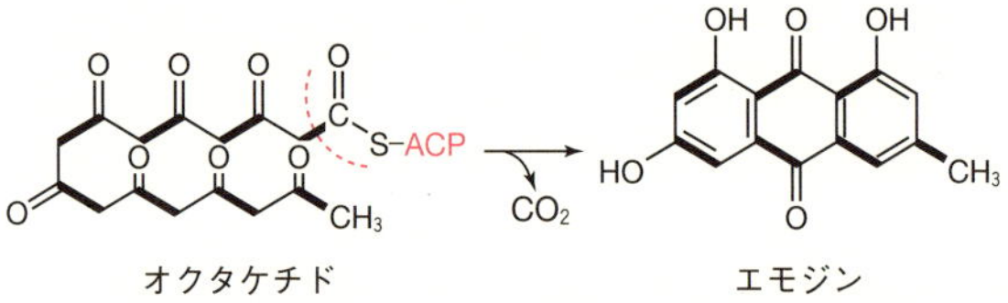

図 2・14　オクタケチドからのエモジンの生合成

2・3・4　テトラサイクリン系抗生物質

　テトラサイクリン（tetracycline）類は文字通り四つの環からなる特徴ある構造を
もつ抗生物質であるが，もともと九つの酢酸単位からなるノナケチドから分子内縮
合とその後に起こるさまざまな修飾反応を経て**クロルテトラサイクリン**が生合成さ
れる（図 2・15）.

2・3・5　多様なポリケチド化合物

　ポリケチドの生合成経路には，脂肪酸の生合成経路とは異なる多様性がある．す
なわち，開始ユニットは必ずしも酢酸（アセチル CoA）とは限らない．たとえば，

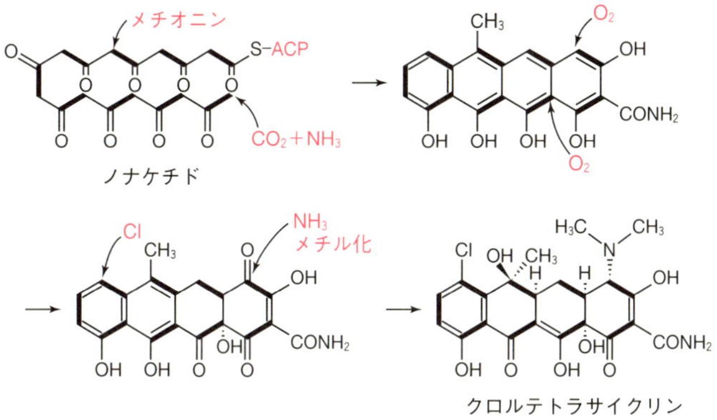

2・3 ポリケチドとその関連化合物　　31

図 2・15　ノナケチドからのクロルテトラサイクリンの生合成

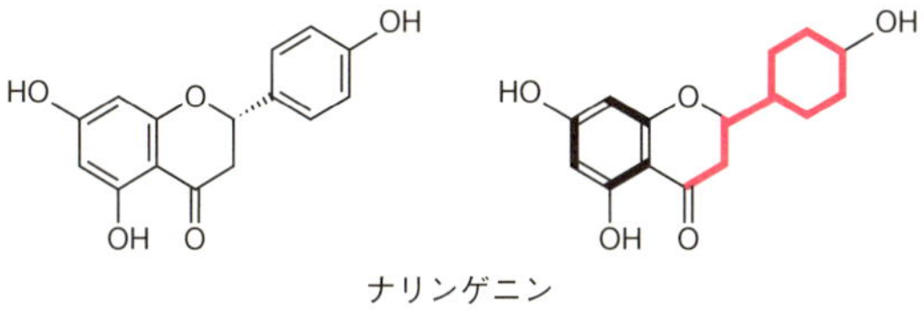

ナリンゲニン

図 2・16　ナリンゲニンの生合成　開始ユニットは右図の右半分の
色太線部分（フェニルプロパノイド）になる．

　図2・16の**ナリンゲニン**はフラボノイドの一種で，植物の花の色素の成分や種子の
発芽と生長を調節する役割をもっている．開始ユニットはフェニルプロパノイドの
ひとつである4-ヒドロキシケイ皮酸（図の右側の色太線部分）であり，これに3分
子のマロニルCoAが縮合伸長した後，環化する．また，**アフラトキシン**においては
ヘキサノイルCoA，**エリスロマイシン**においてはプロピオニルCoAが開始ユニッ
トであり，その分できあがった化合物の炭素鎖が長くなる（図2・17a）．
　一方，伸長ユニットも必ずしもマロニルCoAとは限らない．プロピオニルCoA
とアセチルCoAの縮合産物であるメチルマロニルCoAや，ブチリルCoAとアセチ
ルCoAの縮合産物であるエチルマロニルCoAであったりする．これらが伸長ユニッ
トに使われると，ポリケチド炭素鎖にそれぞれメチル基やエチル基の枝分かれが生
じる．マクロライド系抗生物質に属する**エリスロマイシンA**（図2・17a）やイオノ
ホア抗生物質に属する**モネンシン**（図2・17b）はそれらの例である．

(a)

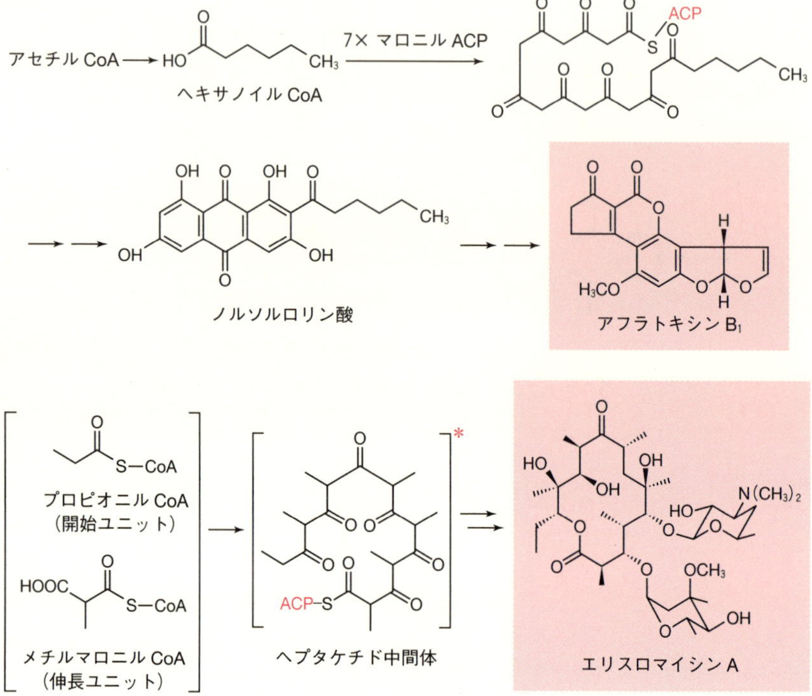

アセチル CoA ⟶ HO〔ヘキサノイル CoA〕CH₃ — 7× マロニル ACP →

ノルソルロリン酸

アフラトキシン B₁

プロピオニル CoA
（開始ユニット）

メチルマロニル CoA
（伸長ユニット）

ヘプタケチド中間体

エリスロマイシン A

図 2・17　多様な生合成によるポリケチド化合物の生合成　＊ヘプタケチド中間体は実在しない. 中間体におけるケトンは伸長中にアルコールかメチレンにまで還元される（図2・19参照）.

　また，伸長反応においてケトンがアルコールに還元されたり，それがさらに脱水して二重結合ができたり，さらにメチレンにまで還元されたりする場合もある．エリスロマイシン A やポリエンマクロライド系抗生物質である**アンホテリシン B**（図2・17c）はこのような反応が部分的に行われ，生合成される．このような開始ユニットの多様性と伸長反応の多様性によって，複雑な構造を有する化合物が生み出される．

2・3・6　ポリケチドの生合成にかかわる酵素とその遺伝子

　本書では，生合成にかかわる酵素およびそれをコードする遺伝子についてはふれないと述べたが，ポリケチドの生合成の仕組みをよりよく理解するために簡単に述

2・3 ポリケチドとその関連化合物

(b)

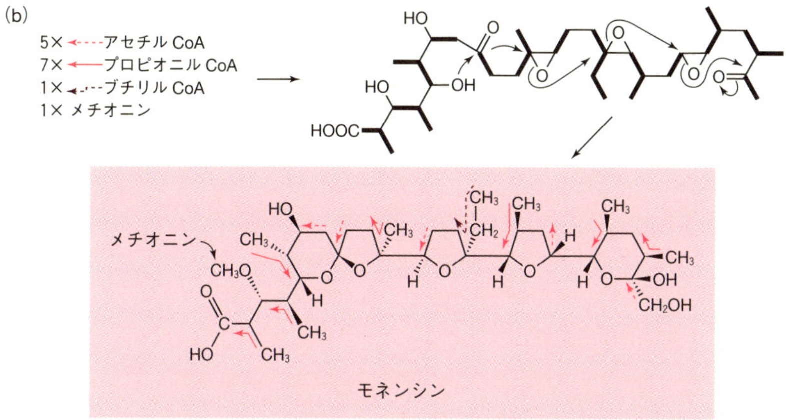

5× ----アセチル CoA
7× ←プロピオニル CoA
1× ----ブチリル CoA
1× メチオニン

モネンシン

(c)

アンホテリシン B

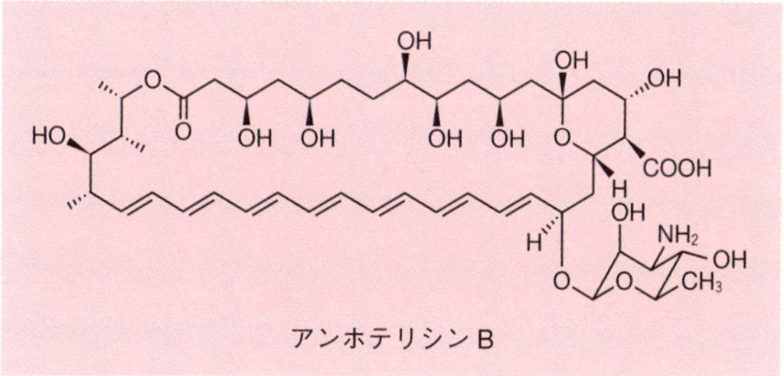

図 2・17 多様な生合成によるポリケチド化合物の生合成（つづき）

べる．ポリケチドの生合成には，おもにI型とII型の二つのタイプが存在すること
が知られている．

　II型のほうがI型より単純であるので，まずII型について述べる．**II型生合成の
酵素**は，β-ポリケトン鎖構造の炭素骨格をまず構築し，その後いくつかの修飾酵素
によって最終産物に導く（図2・18）．これらの酵素に関する遺伝子は染色体上に一
塊になって存在する．II型生合成の酵素は最小基本単位として，ケト合成酵素（keto
synthase, KS），アシル基転移酵素（acyl transferase, AT），鎖長決定因子（chain length
factor, CLF）およびアシルキャリヤープロテイン（acyl carrier protein, ACP）からな
る．

　最初に，アシル基転移酵素の作用によって，アセチル CoA とマロニル CoA がそ
れぞれケト合成酵素および ACP に運ばれ，結合する（①）．つぎに，ケト合成酵素

の作用によってアセチル基がマロニル基と縮合し，アセトアセチル ACP ができる（②）．このアセトアセチル基はケト合成酵素に移された後，ACP には新たなマロニル CoA がアシル基転移酵素の作用によって運ばれて結合する（③, ④）．ケト合成酵素はアセトアセチル基をマロニル CoA と縮合させ，β-トリケトン鎖 ACP をつくる（⑤）．この一連の反応を繰返すことによって，ひとつおきにケトンを有する β-ポリケトン鎖 ACP が合成される（⑥）．最終的に鎖長決定因子の働きにより加水分解されて，β-ポリケト酸ができあがる（⑦）．これがさらに，さまざまな酵素により，縮合，修飾反応を経て最終産物をつくる．

一方，I 型生合成の酵素は，ひとつのケトン単位を伸長するたびに，ケトンを還元してアルコールにしたり（ケト還元酵素：keto reductase, KR），さらに脱水して

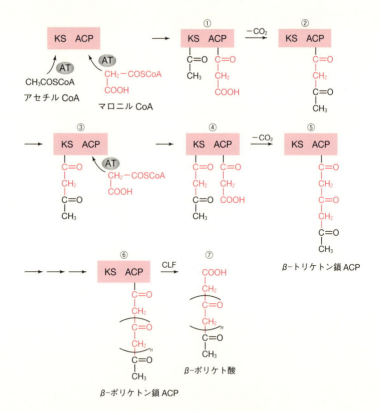

図 2・18 ポリケチドの II 型生合成における炭素鎖の伸長様式　KS：ケト合成酵素，ACP：アシルキャリヤープロテイン，AT：アシル基転移酵素，CLF：鎖長決定因子

二重結合にしたり（脱水酵素：dehydratase, DH），さらに水素添加して飽和のメチレンにまで還元する（エノイル還元酵素：enoyl reductase, ER）反応を触媒する酵素などからなる複合体である．また，炭素鎖を伸長するためのケト合成酵素や ACP は II 型とは異なり，使い回しをしないで，ひとつずつ独立している．

図 2・19 に I 型生合成酵素の例として，エリスロマイシン A の生合成酵素を示した．この場合，ひとつのカセットは多数の酵素からなる巨大分子で，そのなかにひとつずつの伸長反応をつかさどる二つのモジュールを含んでいる．モジュール 1 にはアシル基転移酵素（AT）の作用によって開始ユニットのプロピオニル CoA と結合する ACP および二つ目のユニットであるメチルマロニル CoA を結合する ACP が存在する．ケト合成酵素の作用によってプロピオニル CoA がメチルマロニル ACP と縮合し，つぎにモジュール 1 内のケト還元酵素（KR）の作用によって開始ユニッ

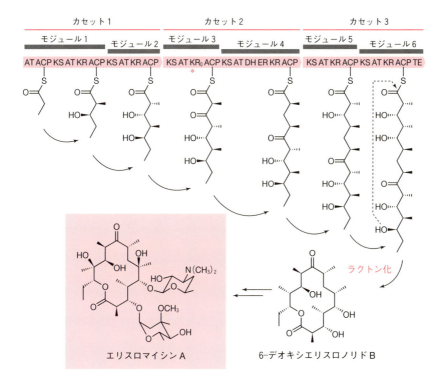

図 2・19　ポリケチドの I 型生合成における炭素鎖の伸長と修飾の様式　例としてエリスロマイシン A の生合成をあげる．＊KR₀ は変異によって機能しなくなった遺伝子を示す．

ト中のケトンはアルコールに還元される．この還元反応は立体選択的に起こる．続いて，この炭素鎖を有する ACP はモジュール 2 に渡されていく．モジュール 2 にも KR が存在するので渡されたケトンはアルコールにまで還元される．つぎに，モジュール 3 には KR_0 が存在するが，この KR_0 は変異により機能しないためにケトンのままでつぎのモジュール 4 に渡される．モジュール 4 では，ケト還元酵素，脱水酵素（DH）およびエノイル還元酵素（ER）の三つの酵素が存在するのでメチレンにまで還元される．さらに，モジュール 5，6 と渡された後，チオールエステラーゼ（TE）の作用により ACP から切り離される．これが，さらにラクトン化して 6-デオキシエリスロノリド B となり，糖が付加されてエリスロマイシン A となる．

2・4 テルペノイドとその関連化合物

テルペノイド（terpenoids，**イソプレノイド**（isoprenoids）ともいう）は炭素 5 個からなるイソプレンを基本単位とする化合物の総称である（図 2・20）．イソプレンの構造のうち，枝分かれがある側を head，その反対側を tail とよぶ．これは後述するように，イソプレン単位の方向を表すのに用いられる．**イソペンテニル二リン酸**（IPP）およびその異性体である**ジメチルアリル二リン酸**（DMAPP）の縮合反応により，イソプレンの単位を正確に保ちながら規則的に炭素鎖が 5 個ずつ伸長していく．そのもとになる IPP は当初メバロン酸を経由する生合成しかないと考えられていたが，近年になってまったく別の生合成経路が発見されたため，前者を"メバロン酸経路"，後者を"非メバロン酸経路"とよんでいる．メバロン酸は清酒醸造においてしばしば起こった酸敗の原因を追究する過程で発見された（コラム参照）．

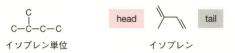

図 2・20　テルペノイド（イソプレノイド）化合物の構造単位になるイソプレン　四足動物になぞらえて頭に当たるメチル基側鎖側を head，その反対側の尾に当たる側を tail とよぶ．

メバロン酸経路は脊椎動物，節足動物，高等植物（細胞質で生合成される場合），糸状菌や乳酸菌を含む一部の真正細菌などにおいて，また非メバロン酸経路は高等植物（葉緑体などのもともと真正細菌由来と考えられる細胞内器官で生合成される場合），藻類，古細菌，真正細菌，原生動物などの限られた種でその存在が確認されている．個々の生物がどちらの生合成経路を有するかについてはまだ多くが調べら

2・4　テルペノイドとその関連化合物

火落酸とメバロン酸

　日本酒はつくった後で低温殺菌（「火入れ」という）して貯蔵するが，これは古く江戸時代から行われていた日本独特の技術である．1865 年，L. パスツールが科学的な根拠を与え，現在では低温殺菌のことをパスツリゼーションとよんでいる．日本酒を貯蔵している間に，時として雑菌が生え，お酒をだめにしてしまうことがある．これを「火落ち（ひおち）」とよぶ．この雑菌は乳酸菌の一種で火落菌とよばれ，20 ％アルコール中でも増殖できる．1881 年，R.W. アトキンソンというイギリス人の化学教師が初めてこの火落菌を顕微鏡で観察した．1906 年，高橋偵造（東京大学教授）は日本酒のなかに火落菌の生育に必須の因子が存在することを示唆した．それから半世紀も経って，1956 年，田村學造（後に東京大学教授）らはこの因子を精製し，構造を決定し，“火落酸”と命名した．お酒のなかの火落酸はお酒をつくる麹菌 *Aspergillus oryzae* が合成したものである．

　同年，米国メルク社の C. フォーカースは乳酸菌の生育因子として同一化合物を単離し，**メバロン酸**と命名した．メバロン酸の発見はその後のテルペノイド生合成研究の発展に大きく寄与したが，当時はメバロン酸がテルペノイド生合成の中間体であることはわかっていなかった．メルク社では当時コレステロールの生合成研究が進んでおり，しばらく後にメバロン酸がコレステロール生合成の前駆体であることが証明されたために，以後この物質は一般にメバロン酸とよばれることになった．

れていないので，全体が明らかになるまでしばらく時間を要するだろう．図 2・21 にそれらの経路を示す．

　メバロン酸経路（mevalonate pathway）では，まず，2 分子のアセチル CoA からできるアセトアセチル CoA にさらに 1 分子のアセチル CoA が付加することによって，(S)-3-ヒドロキシ-3-メチルグルタリル CoA（HMG-CoA）が生成する．この HMG-CoA は 2 分子の NADPH により還元されると (R)-メバロン酸が生成する．この還元反応を触媒する酵素は HMG-CoA 還元酵素とよばれる．(R)-メバロン酸はそのラクトン体と平衡関係にある．(R)-メバロン酸は二リン酸化（OPP 化）され，続く脱炭酸反応によって IPP に導かれる．

　一方，**非メバロン酸経路**（non-mevalonate pathway）では，まず，グルコースから導かれるピルビン酸とグリセルアルデヒド 3-リン酸が縮合および脱炭酸反応によって 1-デオキシ-D-キシルロース 5-リン酸（DOXP）が生成する．DOXP はメチ

ル基の転位,およびアルデヒドのアルコールへの還元によって 2C-メチル-D-エリトリトール 4-リン酸 (MEP) となり,さらに数段階の反応を経て IPP が生成する.この経路は DOXP や MEP 中間体を経ることから,DOXP 経路あるいは MEP 経路ともよばれる.

このようにしてつくられた炭素 5 個からなるイソペンテニル二リン酸 (IPP) は,これをもとにしてより大きな化合物へと生合成されていく(図 2・22).まず,IPP

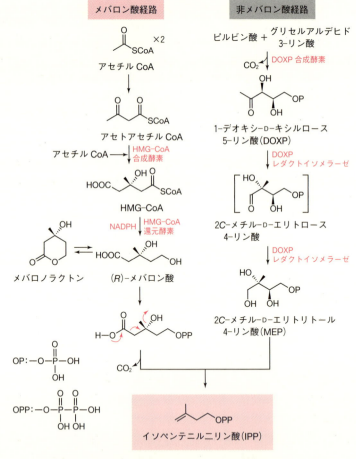

図 2・21 メバロン酸経路(左)と非メバロン酸経路(右)によるイソペンテニル二リン酸の生合成

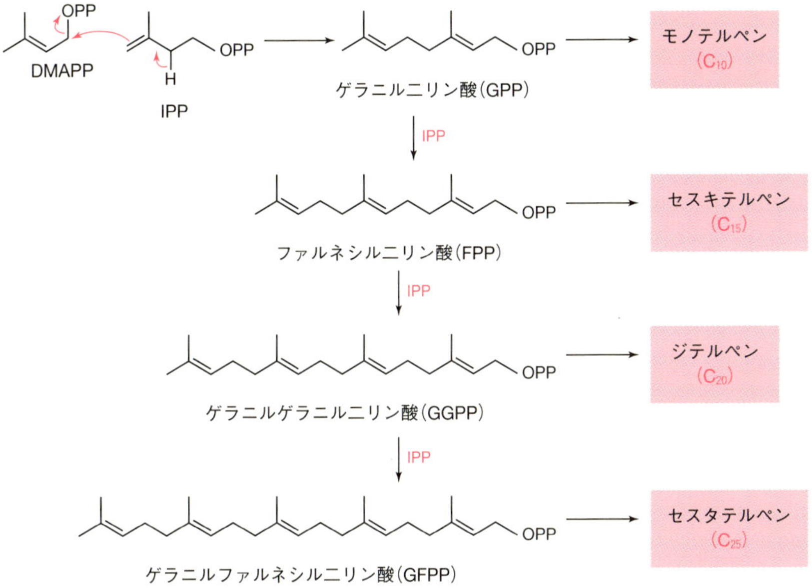

2・4 テルペノイドとその関連化合物　　　　　　　　　　39

図 2・22　テルペノイドの生合成（モノテルペンからセスタテルペンまで）

はその異性体であるジメチルアリル二リン酸（DMAPP）との縮合反応によって炭
素 10 個からなるゲラニル二リン酸を生成する．この際，縮合反応は同じ向き，すな
わち一方の分子の head 側と他方の分子の tail 側で行われる（head−to−tail とよぶ）．
さらに，ゲラニル二リン酸と IPP が順次縮合し，炭素 15 個，20 個，25 個からなる
ファルネシル二リン酸，ゲラニルゲラニル二リン酸，ゲラニルファルネシル二リン
酸がそれぞれ生成する．このときには，すべて head−to−tail の方向で縮合する．こ
れらをもとにして，それぞれモノテルペン，セスキテルペン，ジテルペン，セスタ
テルペンが生合成される．
　一方，炭素 30 個からなるトリテルペンは 2 分子のセスキテルペンから生合成され
るが，その際に同じ向きではなく反対向きに tail 同士が縮合し（tail−to−tail 型縮合
反応），プレスクアレン二リン酸中間体を経て**スクアレン**が生合成される（図 2・
23a）．また，炭素 40 個からなるテトラテルペンは同様の反応でゲラニルゲラニル
二リン酸 2 分子の tail−to−tail 型縮合反応によって生合成され，**フィトエン**がつくら
れる（図 2・23b）．

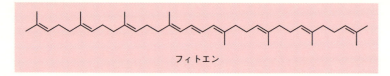

図 2・23 トリテルペン (a) およびテトラテルペン (b) の生合成

2・4・1 モノテルペン

炭素10個（イソプレン単位2個）からなる**モノテルペン**（monoterpenes）には，直鎖のままの形を保ち，二重結合の異性化やアルコール部分がいろいろな形に変換された化合物が存在する（図2・24）．**シトロネロール**や**ゲラニオール**は植物油の成分として，それぞれシトロネラ油やローズ油の中に存在している．

一方，環化した化合物も数多く見いだされている（図2・25）．ゲラニル二リン酸から導かれたリナリル二リン酸やゲラニル二リン酸の二重結合が *trans‑cis* 異性化したネリル二リン酸から，二リン酸の脱離反応をきっかけにして環化したカルボカチオン中間体を経て**メントール**が生成する．また，カルボカチオンは6員環上の炭

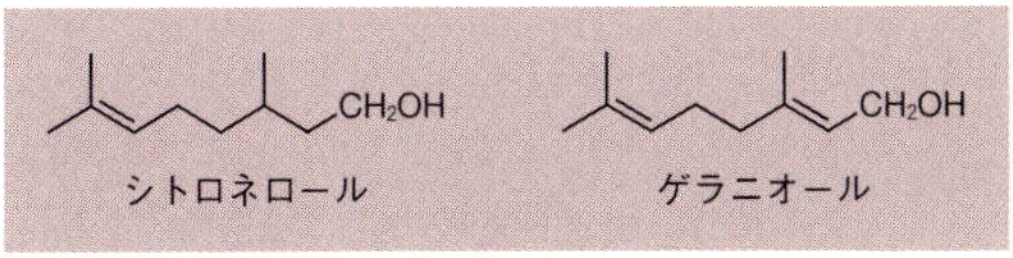

2・4 テルペノイドとその関連化合物　41

図 2・24　モノテルペン化合物

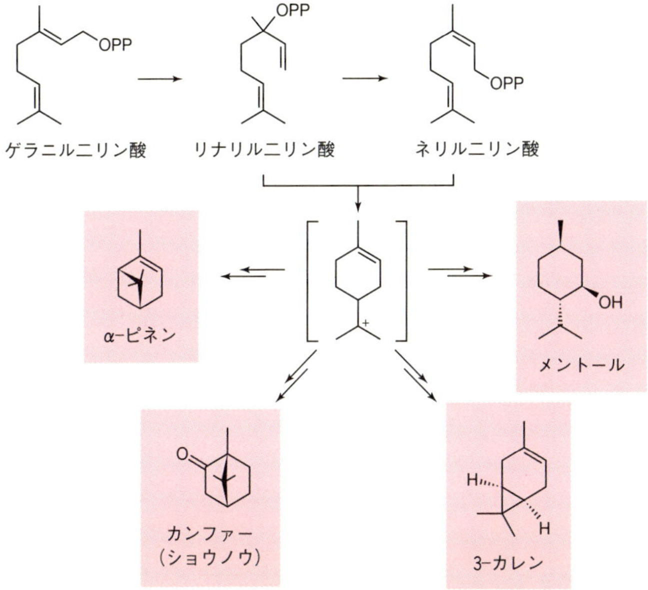

図 2・25　環状モノテルペン化合物 (1)

素と反応し，**α-ピネン**，**カンファー**（ショウノウ），**3-カレン**などを生じる．**α-ピネン**はテレピン油の主成分として存在し，**カンファー**はクスノキの精油成分であり，防虫作用がある．また，**3-カレン**はマツ科植物の精油成分である．

2・4・2　セスキテルペン

　炭素 15 個（イソプレン単位 3 個）からなる**セスキテルペン**（sesquiterpenes）のうちで，直鎖状のものとしては，菩提樹の花油の香気成分である**ファルネソール**やネロリ油中に存在する**(+)-β-ネロリドール**などがある（図 2・26）．両者は，互いに構造異性体の関係にある．

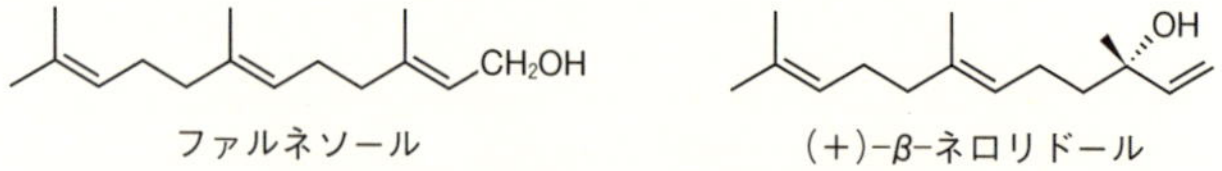

ファルネソール　　　　　　　　(+)-β-ネロリドール

図 2・26　鎖状セスキテルペン化合物

環状生成物はファルネシル二リン酸や二重結合の *trans*-*cis* 異性化した化合物を出発にして，二リン酸が脱離した後のカルボカチオンの反応によって多種類の化合物が生成する（図 2・27）．ワモンゴキブリの性フェロモンである**ペリプラノン B**，ホップの苦味成分である**フムレン**，トドマツの精油成分で昆虫に対して幼若ホルモン活性を示す**ジュバビオン**，キク科 *Artemisia* 属植物の成分で抗マラリア活性を有する**アルテミシニン**などがある．アルテミシニンの構造決定とマラリア治療薬の開発に貢献した中国の Y. トゥに 2015 年ノーベル医学生理学賞が贈られた（巻末付表

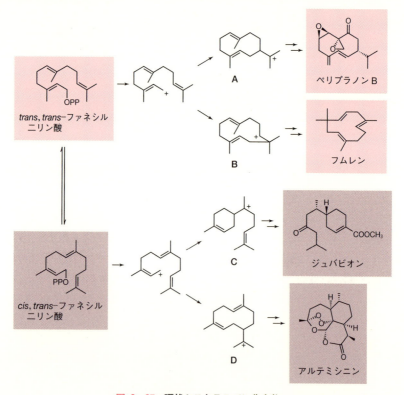

図 2・27　環状セスキテルペン化合物

参照).図 2・28 に示す植物ホルモンのひとつである**アブシジン酸**は糸状菌によってもつくられ,通常のセスキテルペン生合成経路で生合成されるが,植物では後述する C_{40} のテトラテルペンの酸化的分解で生合成される(3・1・1d 参照).

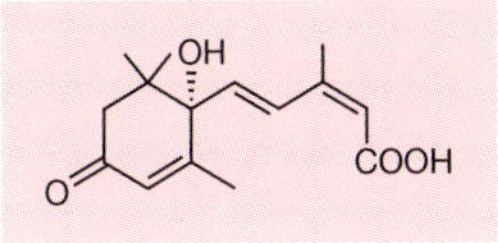

図 2・28 アブシジン酸の構造

2・4・3 ジテルペン

ジテルペン(diterpenes)は炭素 20 個(イソプレン単位 4 個)からなる化合物である.クロロフィルに含まれる**フィトール**はエステルのアルコール成分であり,鎖状のジテルペンである(図 2・29).**ビタミン A(レチノール)**は脂溶性ビタミンの

図 2・29 鎖状ジテルペン化合物

ひとつである(図 2・30).ビタミン A は抗夜盲症因子として発見された化合物で,植物では合成できるが,動物では合成できない.ビタミン A は後述するテトラテルペンの酵素による酸化的分解によって生合成される.ビタミン A のアルデヒド体であるレチナールは,視物質であるロドプシンの構成成分としてリシン残基のε-アミノ基とシッフ塩基を形成している(図 4・8 参照).さらに酸化されたレチノイン酸はビタミン A の活性体であり,細胞内の受容体と結合して標的遺伝子を転写レベルで制御する.

ジテルペンについても環化反応によって,さまざまな化合物が生合成される(図

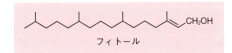
レチノール(ビタミン A):R=CH₂OH
レチナール:R=CHO
レチノイン酸:R=COOH

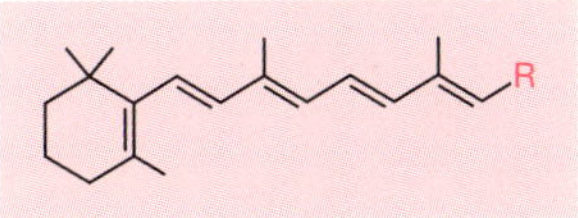

図 2・30 ビタミン A 関連化合物の構造

2・31).A型環化反応では,まず,末端の二重結合にプロトンが付加し,協奏的な環化反応によって2環式化合物ができ,その後二リン酸の脱離によって3環式カルボカチオンが生成する.この化合物を起点として松脂の成分である**アビエチン酸**,植物ホルモンである**ジベレリン**,ステビアの葉の甘味成分であるステビオシドのアグリコン部分(配糖体化合物の糖鎖を除いた部分)である**ステビオール**などが生合成される.アビエチン酸の生成にはメチル基の転位反応をともなう.

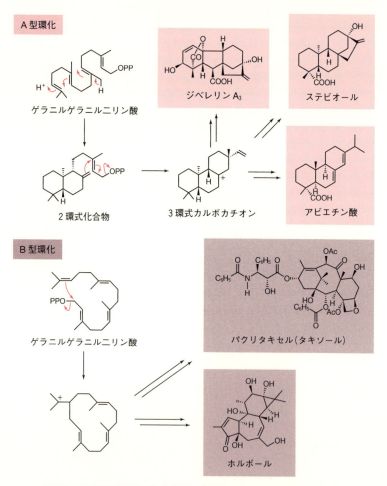

図2・31 環状ジテルペン化合物の生合成 Acはアセチル基を示す.

2・4 テルペノイドとその関連化合物

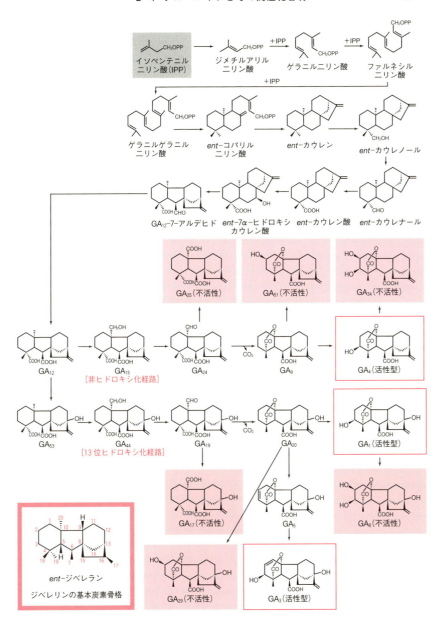

図 2・32 ジベレリンの生合成経路

46   2. 生合成から見た生物活性物質

　植物ホルモンのひとつであるジベレリンは，イネ馬鹿苗病の原因菌である馬鹿苗病菌 *Gibberella fujikuroi* によってもつくられる（1章 p.6 のコラム参照）．このカビではメバロン酸経路で，また植物では非メバロン酸経路でイソペンテニル二リン酸が生合成される．ジベレリンは炭素数が 19 と 20 の二つに大別される．それぞれ C_{19}-ジベレリン，C_{20}-ジベレリンとよばれている．C_{19}-ジベレリンは C_{20}-ジベレリンから脱炭酸反応によって導かれる．ジベレリンの生合成は詳しく調べられており，その全貌が明らかにされている（図 2・32）．また，それぞれの生合成過程にかかわる酵素や酵素をコードする遺伝子も大部分が同定されている．ジテルペンであるゲラニルゲラニル二リン酸を出発にして 4 環式の *ent*-カウレンを経て，GA_{12} が合成される．ここで 13 位がヒドロキシ化される経路とヒドロキシル化されない経路に分岐し，前者からは活性型である GA_1 や GA_3 が，後者からは活性型である GA_4 が生合成される．生物活性には，3 位のヒドロキシ基が重要である．また，2 位にヒドロキシ基をもつジベレリンは活性が著しく弱くなり，不活性化の原因となる．

　B 型環化反応によってつくられる化合物のなかには，イチイという植物の葉の成分で抗がん剤として使用されている**パクリタキセル（タキソール）**の環状構造部分がある（図 2・31）．そのほか，強力な発がんプロモーター（4・10c 節参照）でハズという植物の種子中に脂肪酸エステルの形で存在している**ホルボール**も B 型環化反応によってつくられる（図 2・31）．

2・4・4　セスタテルペン

　セスタテルペン（sesterterpenes）は炭素 25 個（イソプレン単位 5 個）からなり，天然には珍しい化合物であり，微生物の代謝産物以外ではその存在は確認されていない．**オフィオボリン A** はイネのゴマ葉枯病菌 *Ophiobolus miyabeanus* が生産する毒素である（図 2・33）．

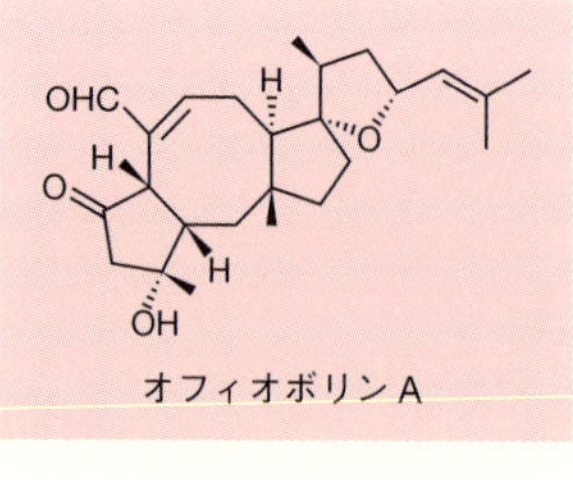

オフィオボリン A

図 2・33　セスタテルペン化合物

2・4・5 トリテルペン

トリテルペン（triterpenes）は炭素30個（イソプレン単位6個）からなる化合物である．トリテルペンのうち，すでに図2・23 (a) に示した非環式化合物である**スクアレン**はサメの肝臓の油（肝油）の成分で，化粧品などに使われている．スクアレンからは環化した生成物がつくられ，これらは5環式の化合物と4環式のステロイドに分けられる．

5環式の化合物には，エンドウがつくる**β-アミリン**や原生生物に属するテトラヒメナがつくる**テトラヒマノール**などがある（図2・34）．

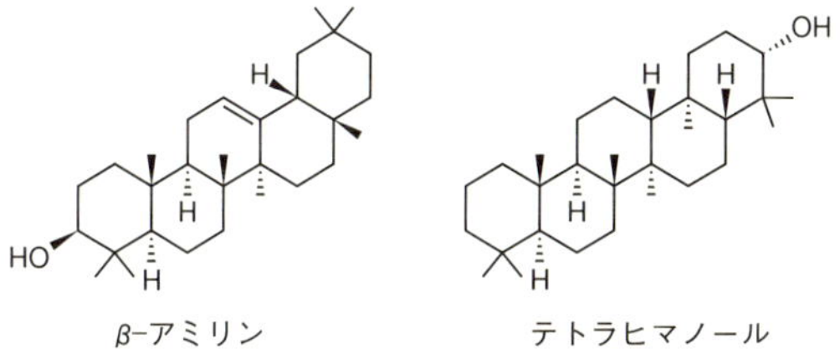

β-アミリン　　テトラヒマノール

図2・34　5環式トリテルペン化合物の構造

一方，4環式のステロイドにはきわめて重要な作用を有する化合物が数多く存在する．**ステロイド**（steroids）は，図2・35に示すような基本構造をもつ化合物であり，その骨格の炭素番号および環構造の名称は図のように決められている．

ステロイドの生合成経路を図2・36に示す．まず，スクアレンの末端の二重結合がエポキシドに酸化されて2,3-オキシドスクアレンが生成し，それが環化酵素の求電子基によって開環すると同時に協奏的に電子の移動が起こり，四つの環構造が形成される．生成したカルボカチオンを解消するようにメチル基の転位反応を含む電子の移動が起こり，ラノステロールが生成する．ラノステロールは羊毛の脂の成分である．つぎに，三つのメチル基の脱離反応および二重結合の移動が起こり，コレ

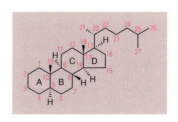

図2・35　ステロイド骨格の立体化学と炭素番号

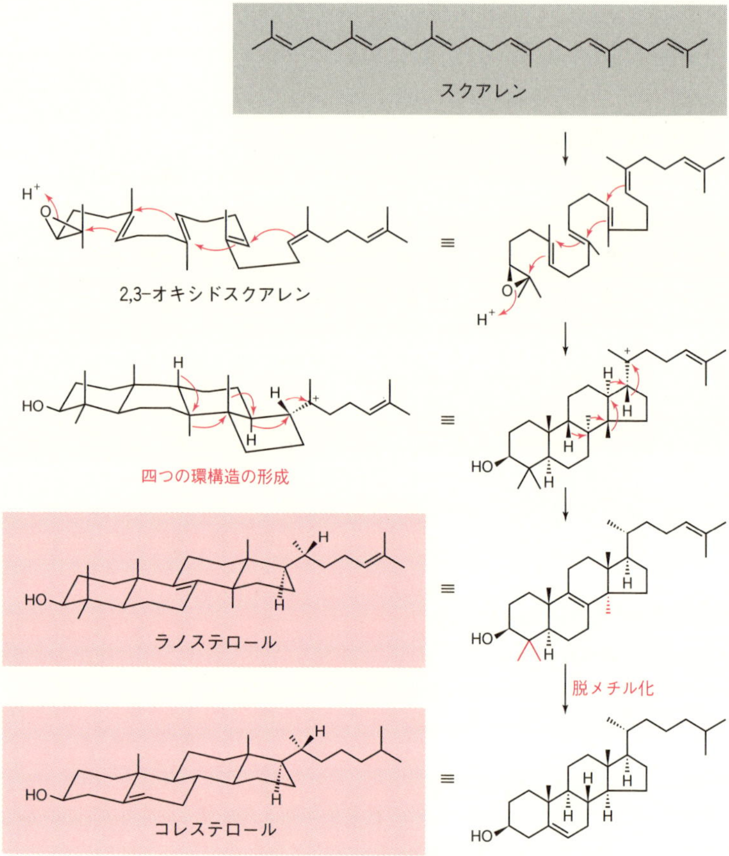

48　　　　　　　　　　　**2. 生合成から見た生物活性物質**

スクアレン

2,3-オキシドスクアレン

四つの環構造の形成

ラノステロール

コレステロール

脱メチル化

図 2・36　ステロイド化合物の生合成経路

ステロールが生成する.

　コレステロールは細胞膜成分として重要なばかりでなく,さまざまなステロイド化合物の生合成の起点になる (図2・37).コレステロールは脊椎動物では大半が肝臓で合成される.ステロイド化合物は以下のいくつかの例で示すように,下等な生物から高等な生物まで,ホルモンやビタミンやフェロモンとして利用されている.

　脊椎動物で最も重要なステロイドホルモンに,性ホルモンおよび副腎皮質ホルモンがある (図2・37).**性ホルモン**はおもに精巣,卵巣などの生殖腺と胎盤で合成され,分泌される.コレステロールの側鎖の部分的な切断反応によってプレグネノロ

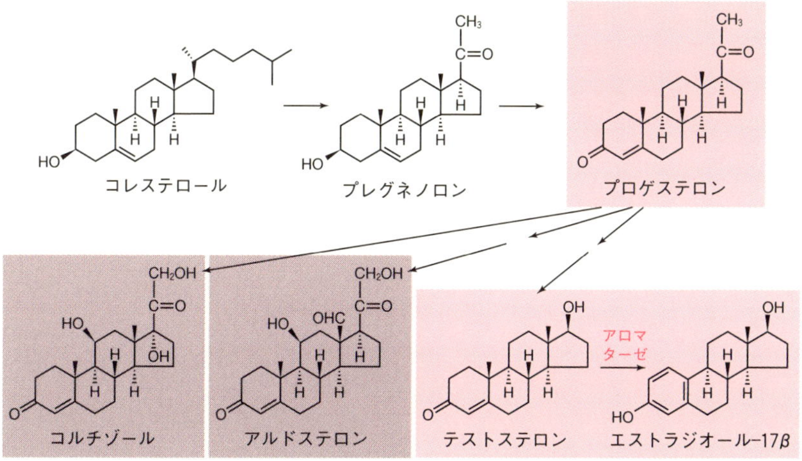

2・4　テルペノイドとその関連化合物　　49

図 2・37　コレステロールからの性ホルモンおよび副腎皮質ホルモンの生合成経路

ンに誘導され，さらに3位のヒドロキシ基の酸化および二重結合の移動によって**プロゲステロン**が生成する．プロゲステロンは黄体ホルモンともよばれ，子宮の粘膜に作用して卵子の着床を可能にするだけでなく，妊娠した場合それを維持する作用を有する．プロゲステロンから**テストステロン**（男性ホルモン）が生合成される．テストステロンは性分化，精子形成の促進，男性の二次性徴の発達を促すなどの作用を有する．このテストステロンのA環が芳香族化することによって**エストラジオール-17β**（女性ホルモン）に変換される．この変換酵素はアロマターゼとよばれる．エストラジオール-17βは女性の二次性徴の発達を促す作用をもつ．テストステロンがプロゲステロンという女性に特有の作用をもつ化合物を経由して精巣で生合成されること，また，女性ホルモンであるエストラジオール-17βが男性ホルモンであるテストステロンを経由して卵巣で生合成されることは興味深い．

　副腎皮質ホルモン（adrenocortical hormone）には2種類あり，いずれもプロゲステロンから生合成される．糖質（グルコ）コルチコイドは肝臓におけるグリコーゲンの合成を促進し，鉱質（ミネラル）コルチコイドは腎臓における Na^+，Cl^-，HCO_3^- などのイオンの再吸収を促進する働きを有する．図2・37には，糖質コルチコイドおよび鉱質コルチコイドのうちで最も作用の強い，**コルチゾール**と**アルドステロン**の構造を示した．

　ビタミンDは7-デヒドロコレステロール（プロビタミン D_3）が光（紫外線）に

よってその B 環が開裂し，プレビタミン D_3 となり，これは自然に異性化してビタミン D_3（コレカルシフェロール）となり，最終的に肝臓と腎臓での 2 段階のヒドロキシ化により活性型ビタミン D_3 である 1, 25-ジヒドロキシビタミン D_3 に変換される（図 2・38）．したがって，日光が不足すると，ビタミン D が欠乏し，くる病や骨軟化症になる．

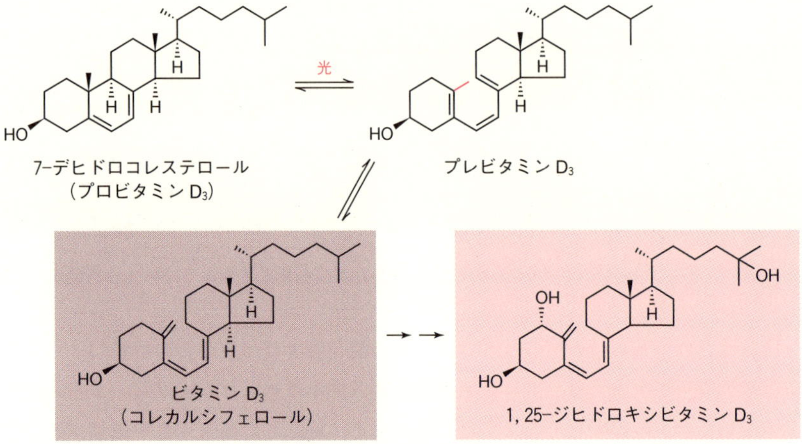

図 2・38　活性型ビタミン D_3（1, 25-ジヒドロキシビタミン D_3）の生合成経路

　昆虫の**脱皮ホルモン**（molting hormone）は前胸腺においてコレステロールから数段階の酵素反応によって生合成される．ほとんどの酵素は明らかになったが，まだ一部の酵素は同定されていない（図 2・39）．前胸腺では前駆体ともいうべき**エクジソン**が合成され，血液中に分泌されるが，その後いろいろな組織で 20 位がヒドロキシ化され，活性型の **20-ヒドロキシエクジソン**に変換される（図 2・40）．昆虫だけでなく，節足動物一般にまったく同じ 20-ヒドロキシエクジソンが脱皮ホルモンとして利用されている．しかし，節足動物はステロイド骨格が合成できないので，ステロイド化合物を食餌から取込む必要がある．

　植物ホルモンのひとつであるブラシノステロイドの一種**ブラシノライド**の B 環は酸化されて 7 員環ラクトンになっている（図 2・41）．その前駆体であるカスタステロンの B 環は 6 員環ケトンであるが，活性はラクトン体の数分の一である．ブラシノステロイドは植物ステロイドのひとつであるカンペステロールからカスタステロンを経由して生合成される（図 2・41）．

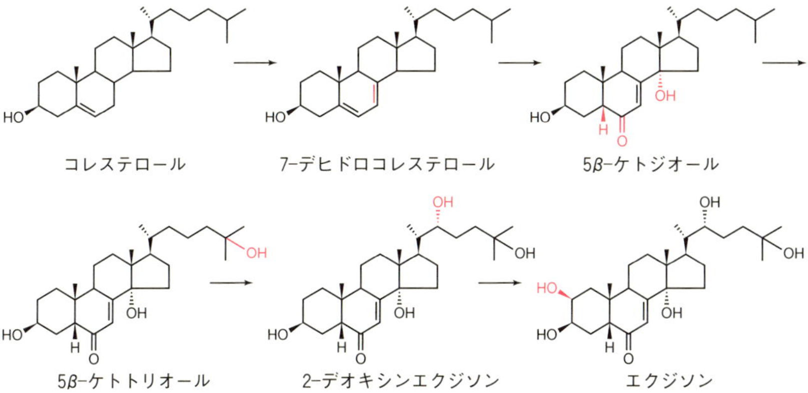

2・4 テルペノイドとその関連化合物　　51

コレステロール → 7-デヒドロコレステロール → 5β-ケトジオール →

5β-ケトトリオール → 2-デオキシエクジソン → エクジソン

図 2・39　エクジソンの生合成経路

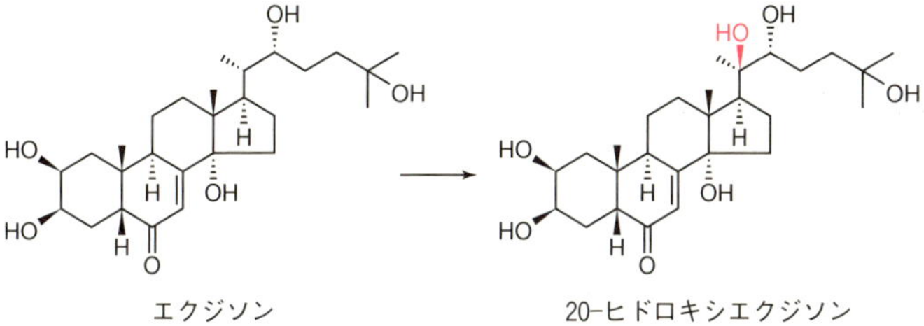

エクジソン → 20-ヒドロキシエクジソン

図 2・40　節足動物の脱皮ホルモン（エクジステロイド）の構造

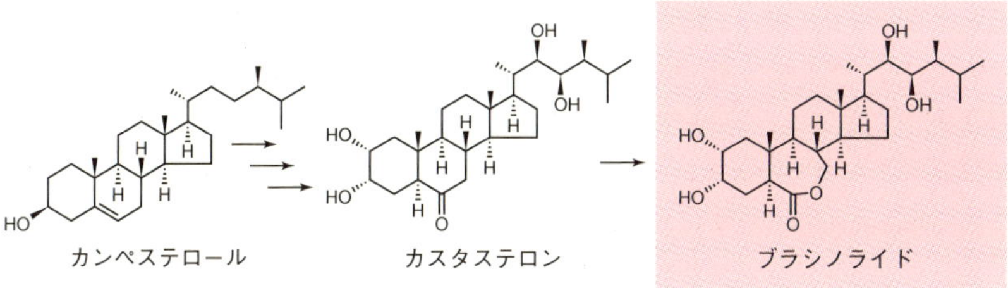

カンペステロール → カスタステロン → ブラシノライド

図 2・41　ブラシノライドの生合成経路

2・4・6　テトラテルペン

テトラテルペン（tetraterpenes）は炭素原子 40 個（イソプレン単位 8 個）からなる化合物である．ゲラニルゲラニル二リン酸が tail-to-tail で結合したフィトエン

（図2・23）から**リコペン**が生合成される（図2・42）．このリコペンの両末端部分が
環化した化合物が**β-カロテン**である．ビタミン A は β-カロテンが中央の二重結合
部分で酸化的に開裂してできる化合物である（図2・30参照）．

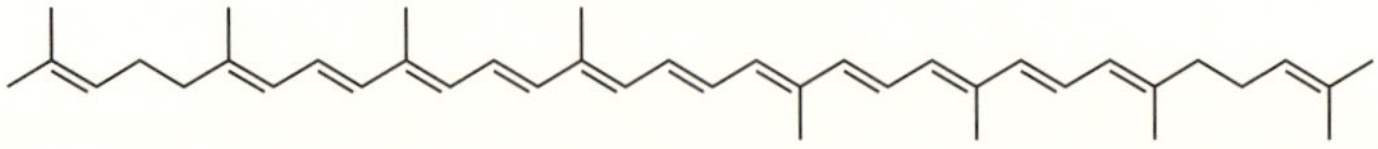

リコペン

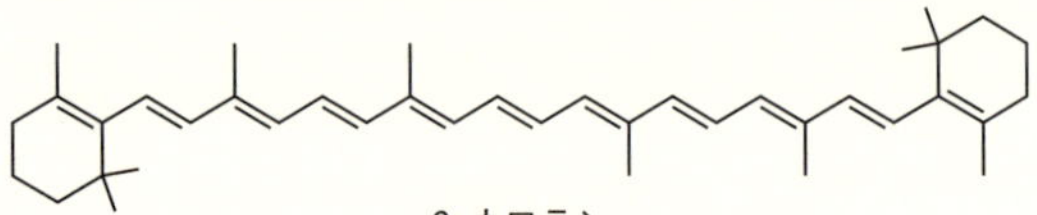

β-カロテン

図 2・42　テトラテルペン化合物の構造

2・5　シキミ酸経路を経て生合成される化合物

シキミ酸経路（shikimic acid pathway）は，微生物，植物などの独立栄養生物にお
いて，芳香族アミノ酸や芳香族化合物をつくる経路である．

グルコースから導かれる二つの化合物，D-エリトロース 4-リン酸とホスホエノー
ルピルビン酸が縮合した後，脱リン酸化をともなって分子内で環化し，続いて脱水
することによって 3-デヒドロシキミ酸が合成される（図2・43）．この化合物はさ
らに還元されてシキミ酸になる．シキミ酸は ATP によって 3 位のヒドロキシ基がリ
ン酸化された後，もう 1 分子のホスホエノールピルビン酸が 5 位のヒドロキシ基に
結合する．続いて，脱リン酸によって生成するコリスミ酸の転位反応を経てプレフェ
ン酸になる．さらに，脱炭酸にともなって芳香族化し，**フェニルピルビン酸**あるい
は **4-ヒドロキシフェニルピルビン酸**が生成する．このようにして生合成される化合
物はベンゼン環と炭素 3 個のユニットからなることから，**フェニルプロパノイド**
（phenylpropanoids）とよばれる．

これらを出発にしてさまざまな化合物が生合成される．芳香族アミノ酸のひとつ
であるトリプトファンは，コリスミ酸からアントラニル酸を経て生合成される（図
2・44）．

フェニルピルビン酸からアミノ基の転移反応によって L-フェニルアラニンが生
成し，これから**ケイ皮酸**が導かれる．同様に，4-ヒドロキシフェニルピルビン酸か
らはチロシンおよび **4-ヒドロキシケイ皮酸**が生合成される（図2・45）．これらの

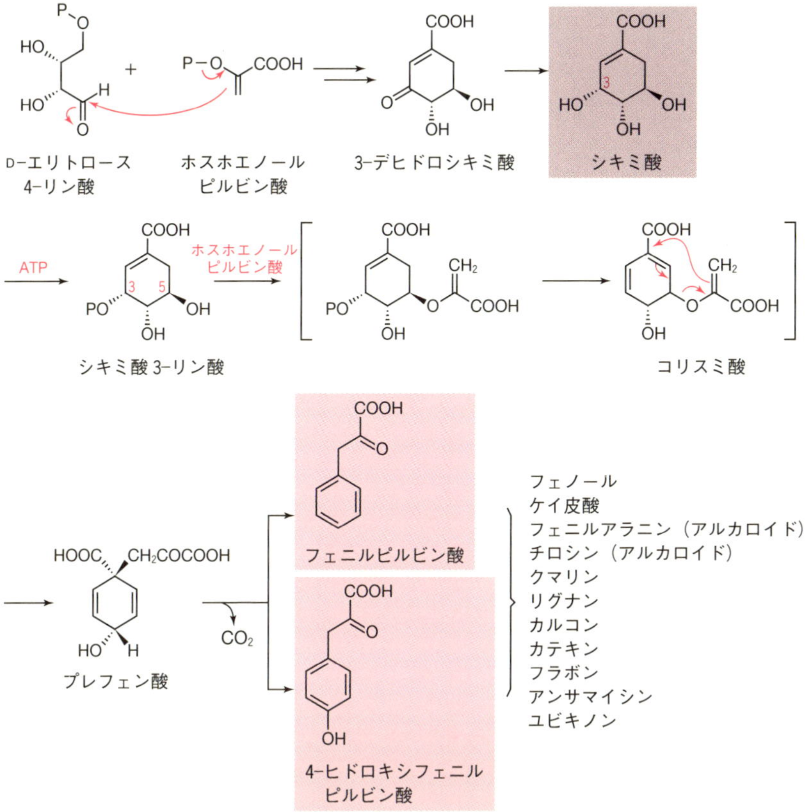

2・5 シキミ酸経路を経て生合成される化合物　53

図 2・43　シキミ酸の生合成とそれを経由して生合成されるフェニルプロパノイド化合物

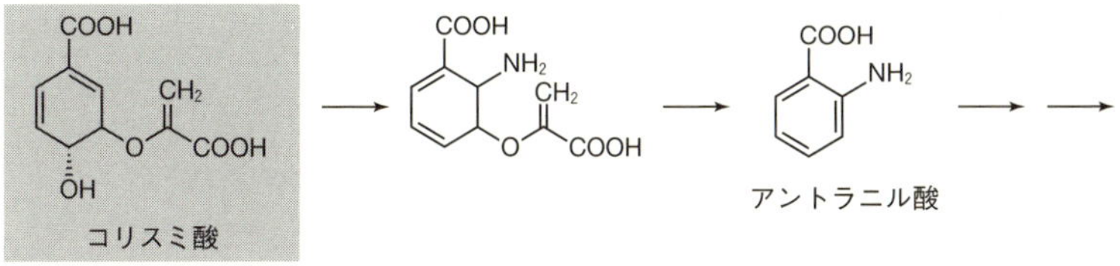

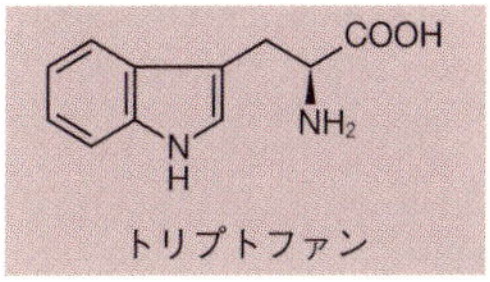

図 2・44　トリプトファンの生合成

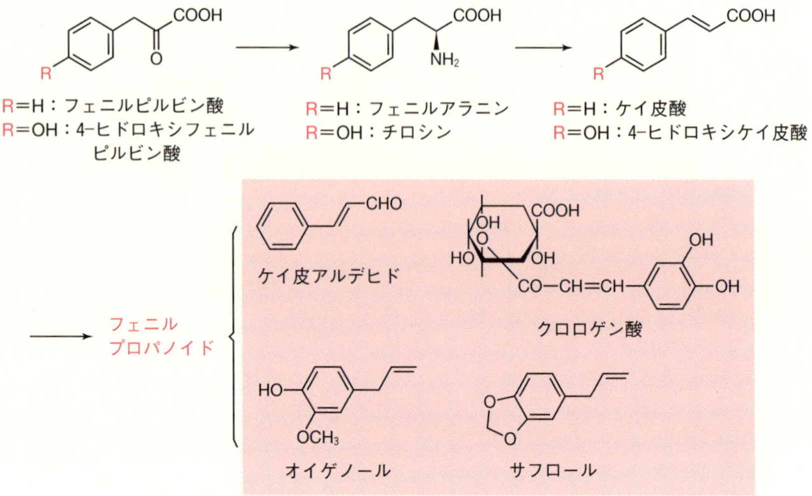
COOH
R
O
R=H：フェニルピルビン酸
R=OH：4-ヒドロキシフェニルピルビン酸
COOH
NH2
R
R=H：フェニルアラニン
R=OH：チロシン
COOH
R
R=H：ケイ皮酸
R=OH：4-ヒドロキシケイ皮酸
フェニルプロパノイド
CHO
ケイ皮アルデヒド
COOH
OH
HO
OH
CO—CH=CH—
OH
OH
クロロゲン酸
HO
OCH3
オイゲノール
O
O
サフロール

図 2・45　ケイ皮酸関連化合物の生合成経路

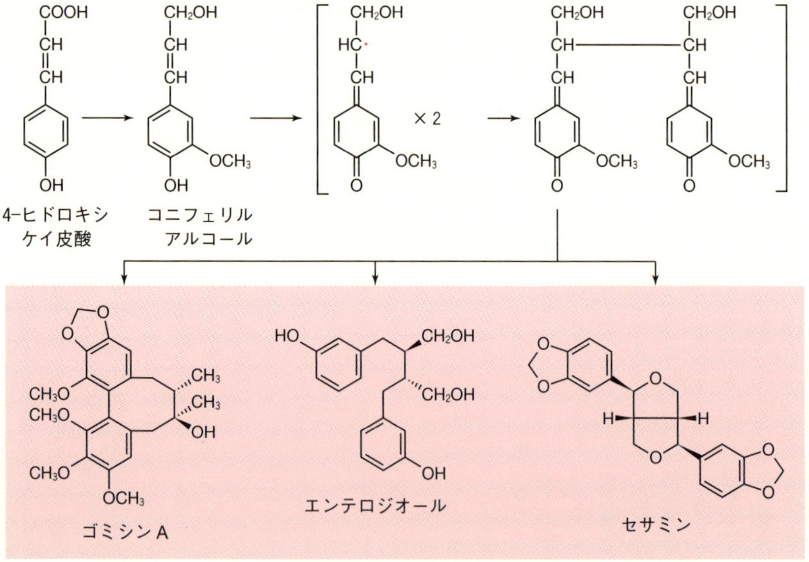
COOH
CH
CH
OH
4-ヒドロキシケイ皮酸
CH2OH
CH
CH
OCH3
OH
コニフェリルアルコール
CH2OH
HC·
CH
OCH3
O
× 2
CH2OH
CH
CH
OCH3
O
CH2OH
CH
CH
OCH3
O
O
O
CH3O
CH3O
CH3O
OCH3
CH3
CH3
OH
ゴミシンA
HO
CH2OH
CH2OH
OH
エンテロジオール
O
O
O
H
H
O
O
O
セサミン

図 2・46　リグナン類の生合成経路

2・5 シキミ酸経路を経て生合成される化合物 55

フェニルプロパノイドを出発にして,ケイ皮油の成分である**ケイ皮アルデヒド**,チョ
ウジ油の成分である**オイゲノール**,コーヒー豆に多量に含まれる**クロロゲン酸**,サッ
サフラス油の香気成分である**サフロール**などが生合成される(図2・45).また,4−
ヒドロキシケイ皮酸からコニフェリルアルコールができ,これがラジカル反応に
よって2分子が重合し,それを出発にして**リグナン**(lignans)とよばれる一群の化
合物が生合成される(図2・46).代表的なリグナンには,マツブサ科の植物成分で
鎮咳作用を有する生薬成分**ゴミシンA**,哺乳動物の尿から発見された**エンテロジ
オール**,ゴマ油の成分で抗酸化作用を有する**セサミン**などがある.

　フラボノイド(flavonoids)はフェニルプロパノイドを開始ユニットとし,ポリケ
チド生合成によって3分子のマロニルCoAとの縮合と,それに続く環化反応の結果
できるフラバノンを出発に生合成される一群の化合物である(図2・47,図2・16
も参照).これまでに400種以上のフラボノイドが天然から見つかっている.**イソフ**

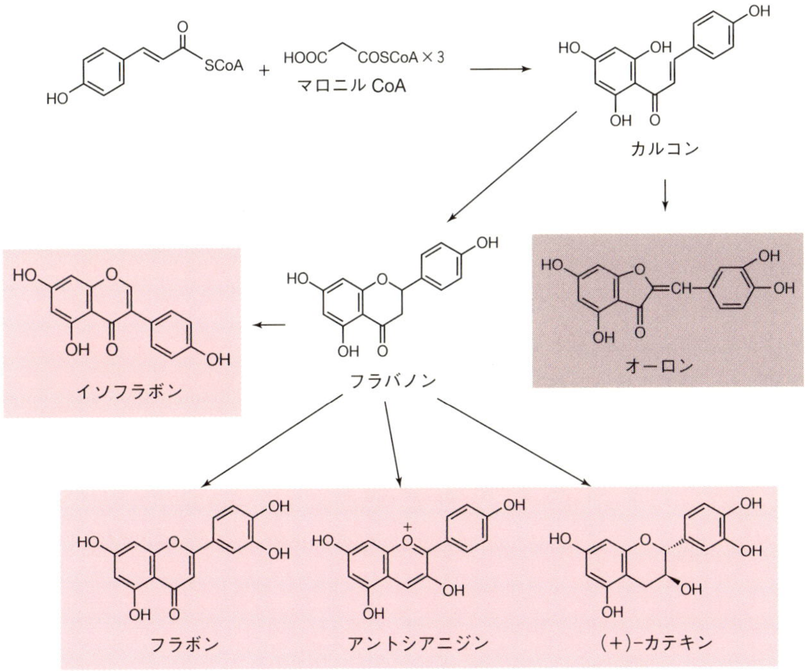

図 2・47　**フラボノイドの生合成経路**(図2・16参照)

ラボン，フラボン，アントシアニジンや（＋）-カテキンはカルコンからフラバノンを経て生合成される．一方，**オーロン**はフラバノンを経ずにカルコンから生合成される．オーロンは天然色素のひとつで，*E*体と*Z*体の混合物であるが，天然物中には*Z*体の方がまさっている．それらの多くは配糖体として存在している．アントシアニジン誘導体は pH によって色が変わることがわかっており，花色を担う成分として重要である（図2・48）.

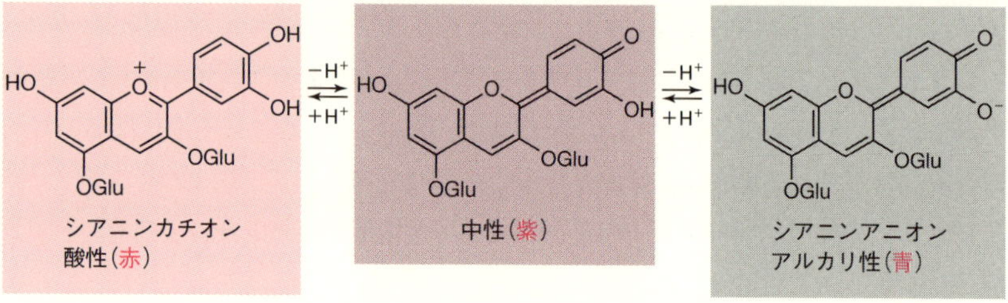

図 2・48　アントシアニジン誘導体の pH 変化による色の変化　Glu はグルコース．

2・6　アルカロイド

アルカロイド（alkaloids）と称する一群の化合物は，もともとアルカリ性（塩基性）を示す植物由来の化合物に用いられていたが，現在はもっと広く窒素原子 N を含む化合物に対して用いられることもある．その窒素原子の由来は，L-オルニチン，L-チロシン，L-トリプトファンなどのアミノ酸由来のものが多い．L-チロシンや L-トリプトファンは"シキミ酸経路"で生合成されるので，これらに由来する化合物はシキミ酸経路の延長と見ることができる．アルカロイドの多くは植物によって生産され，特異な構造と薬理活性を有しているものが多い．

2・6・1　オルニチンから導かれるアルカロイド

ニコチンは L-オルニチンを出発にして，脱炭酸，*N*-メチル化，アミノ基転移などを経て環化したピロリニウム塩にピリジンが付加して生合成される（図2・49）．ニコチンはタバコの主要なアルカロイドとして存在し，動物に対して神経興奮作用や血管収縮作用を示すが，以前は天然の殺虫剤としても用いられていた．**コカイン**はコカ属植物の麻薬成分として知られているが，ピロリニウム塩にアセト酢酸が付加し，数段階の反応を経て生合成される（図2・49）．

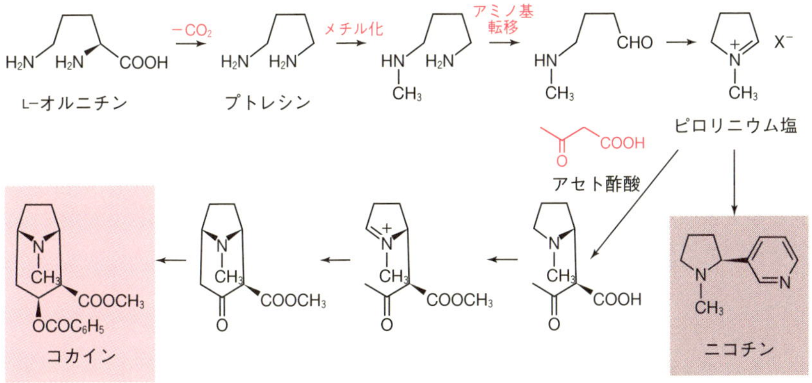

2·6 アルカロイド

図 2·49 に示す化学構造と生合成経路。

図 2·49 L-オルニチンからニコチンおよびコカインの生合成

2·6·2 チロシンおよびフェニルアラニンから導かれるアルカロイド

　L-チロシンあるいは L-フェニルアラニンを出発にして生合成されるアルカロイドを図2·50に示す. **アドレナリン**は高峰譲吉らによって副腎髄質から精製単離されたアルカロイドであり, ホルモンとして初めて結晶化された (3章 p.70 のコラム参照). アドレナリンは**エピネフリン**ともよばれ, 血糖上昇作用や心拍出力増強作用

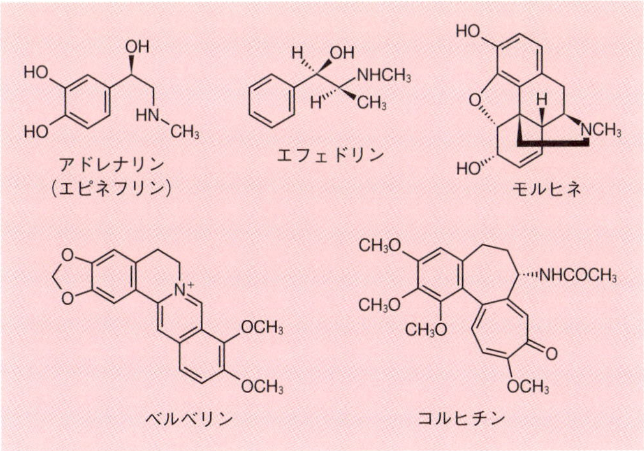

図 2·50 L-チロシンから生合成されるアルカロイドの構造

58 **2. 生合成から見た生物活性物質**

があるほか，神経伝達物質（3・4c節参照）としても機能する．**エフェドリン**は1887年，長井長義が漢方薬である麻黄から喘息に対する有効成分として単離したアルカロイドで，鎮咳剤として使われている．**モルヒネ**はケシの未熟果皮を傷つけたときに出てくる汁液の主成分であり，麻酔作用や鎮痛作用がある．**ベルベリン**はメギ，キハダ，オウレンなど薬用植物の成分として知られ，健胃剤として用いられている．**コルヒチン**はイヌサフランのアルカロイド成分であり，細胞の核分裂を阻害して倍数体をつくる作用を有する．

2・6・3　トリプトファンから導かれるアルカロイド

L-トリプトファンから導かれるアルカロイドを図2・51に示す．トリプトファンがインドール骨格を有することから，これらの化合物は特に**インドールアルカロイド**（indole alkaloids）とよばれる．**レセルピン**はインドジャボクという植物の成分であり，鎮静作用があり，血圧降下剤として利用されている．**アジマリン**は同じくインドジャボクの成分で，抗不整脈剤，精神安定剤として用いられている．**ストリキニーネ**はフジウツギ科植物の種子の成分であり，植物毒として最強である．キョウチクトウ科植物の成分である**ビンブラスチン**および**ビンクリスチン**はチューブリ

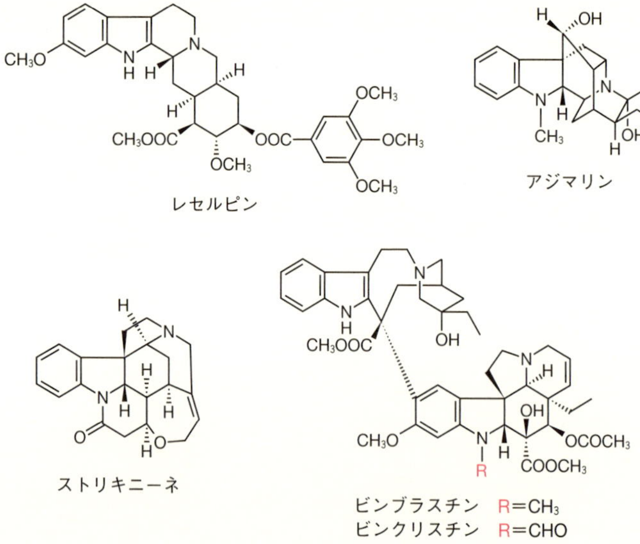

レセルピン

アジマリン

ストリキニーネ

ビンブラスチン　R＝CH₃
ビンクリスチン　R＝CHO

図 2・51　L-トリプトファンから生合成されるアルカロイドの構造

ンの重合阻害活性を有しており（4・2・2節参照），白血病の治療薬として用いられている．

2・6・4　その他のアルカロイド

その他のアルカロイドの代表的な例を図2・52に示す．キノリン骨格を有する**キニーネ**はアカネ科の植物から得られるマラリアに対する特効薬である．トリカブト属の植物の猛毒成分である**アコニチン**は神経を麻痺させる作用がある．**カフェイン**はお茶やコーヒーに含まれる興奮性の化合物である．

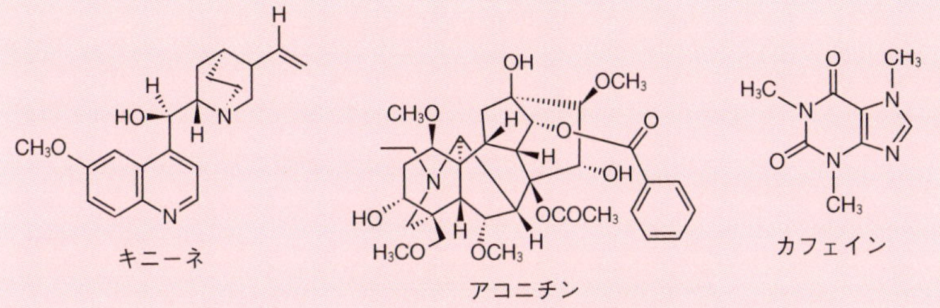

図 2・52　その他のアルカロイドの構造

2・7　ペプチド類

ペプチド（peptides）は2個以上のアミノ酸が縮合してペプチド結合を形成してできた化合物の総称である．ペプチドは生合成から見て二つに分類される．第一はDNAの塩基配列情報がそのままメッセンジャーRNA（mRNA）に転写され，それがペプチドに翻訳されるものであり，第二はDNAの塩基配列情報に直接には基づかないものである．前者のタイプに属するペプチドの構成アミノ酸はL型のみであるが，後者のタイプに属するペプチドにはかなりの頻度でD型のアミノ酸やタンパク質を構成するアミノ酸とは異なるアミノ酸が含まれており，ほとんどが微生物によって合成される．巻末の付録に天然の20種類のL型アミノ酸の構造および，三文字略記，一文字略記を示した．

DNAの塩基配列情報から翻訳された機能性のペプチドは多くの場合，それが最終産物ではなく，いくつかの修飾反応を経てはじめて生物活性をもつ形に変換される．この反応は**翻訳後修飾反応**（posttranslational processing）とよばれる．修飾反応には，ペプチド鎖の切断反応，アミノ末端およびカルボキシ末端の修飾反応，リン酸

化,硫酸化,糖鎖の付加,ジスルフィド結合の架橋反応など,さまざまなものが含まれる.

図2・53に真核生物における遺伝子の転写からタンパク質への翻訳までの一般的な流れを示す.染色体DNAの塩基配列情報は,まずmRNAに転写される.この際,3′末端にポリA配列が付加される.ポリAはRNAの安定化や翻訳の効率化にかかわる.ここではアミノ酸配列の情報をもたないイントロンも含めてそのまま写し取られるが,核内でのスプライシングによってアミノ酸配列の情報をもつエキソン部分のみにつなぎ替えられる.この成熟したmRNAは核外に出た後,粗面小胞体膜上に配置されたリボソーム上でアミノ酸の配列に翻訳され,ペプチドあるいはタンパク質となる.以下に,翻訳後修飾反応について具体的に述べる.

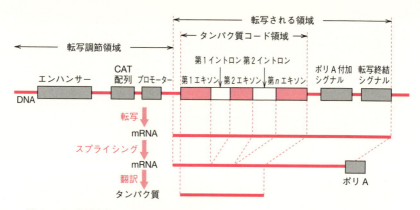

図2・53 **真核生物における転写と翻訳** エンハンサー:転写の活性化に必要な領域,CAT配列:RNA合成酵素の親和性を高める配列,プロモーター:転写の開始にかかわる配列で,RNA合成酵素が結合する部位

2・7・1 ペプチド結合の切断

多くの機能性ペプチドはつくられた細胞内でそれ自身に働くより,他の細胞に働く場合が多い.この場合は細胞から分泌されるために,翻訳産物のN末端には疎水性に富んだ15~30アミノ酸残基程度のシグナル配列が存在し,翻訳と同時に粗面小胞体内に取込まれ,その後この部分は切断される.この結果,得られるペプチドはなお前駆体であることが多い.前駆体はゴルジ体を経て,分泌小胞になる過程でさまざまな修飾反応を受け,分泌小胞は最終的に細胞膜との融合によって開口分泌

され，血流によって標的細胞に運ばれる．

前駆体ペプチドが切断されて機能性のペプチドを産み出す例として，ヒトの脳下垂体でつくられるプロオピオメラノコルチンから多数の機能性ペプチドが生成する反応を示す（図2・54）．この遺伝子産物は脳下垂体前葉および中葉で合成されるが，両者では切断の様式が異なる．中葉においては，切断箇所が多く，より小さなペプチドが生成する．切断は連続する塩基性アミノ酸部位（塩基性アミノ酸対）で起こることが多い．

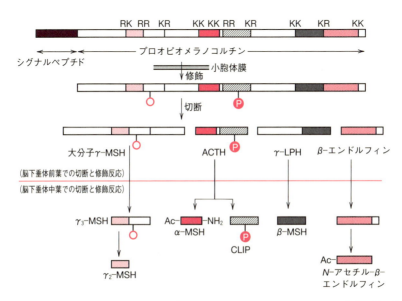

図 2・54 ひとつの前駆体タンパク質プロオピオメラノコルチンから生成する多数の機能性ペプチド 翻訳後修飾反応は下垂体前葉と中葉で異なっている．P はリン酸化，○は糖鎖付加，Ac は N 末端アセチル化を示す．MSH はメラニン細胞刺激ホルモン，CLIP はコルチコトロピン様中葉ペプチド，ACTH は副腎皮質刺激ホルモン，LPH はリポトロピンの略である．シグナルペプチドを除くすべてのペプチド結合の切断は塩基性アミノ酸対（R-R, R-K, K-R, K-K；R：アルギニン，K：リシン）で起こる．

2・7・2 N末端およびC末端の修飾

N 末端のアミノ基はしばしば修飾を受ける．低分子量ペプチドで最も多いのは，グルタミン残基が脱アンモニア反応によって環化したピログルタミン酸残基である．たとえば，脊椎動物の視床下部ホルモンである**甲状腺刺激ホルモン放出ホルモ**

ン（thyrotropin-releasing hormone, TRH）や**生殖腺刺激ホルモン放出ホルモン**（gonadotropin-releasing hormone, GnRH）がある（図 2・55）．これらのペプチドの活性に，この修飾は必須である．このほか，N 末端のアミノ基がアシル化される場合がある．たとえば，α-MSH（**メラニン細胞刺激ホルモン**，melanocyte-stimulating hormone）はアセチル化されている（図 2・54，2・56）．

　短鎖ペプチドの C 末端のカルボキシ基はしばしばアミド化される．図 2・55 および図 2・56 に示すペプチドはその例である．この C 末端のアミド化はその前駆体において C 末端の先にさらに Gly-Lys/Arg が存在し，Lys/Arg で切断された後，アミド化酵素によりアミド化される．アミドの N 原子は Gly のアミノ基に由来する．

　このような修飾によって，受容体との親和性を高くするだけでなく，アミノペプ

| TRH | pQ-H-P-NH₂ |
| GnRH | pQ-H-W-S-Y-G-L-R-P-G-NH₂ |

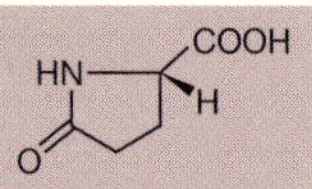

ピログルタミン酸(pQ)

図 2・55　甲状腺刺激ホルモン放出ホルモン（TRH）および生殖腺刺激ホルモン放出ホルモン（GnRH）の構造　pQ はピログルタミン酸を表す．

| α-MSH | Ac-S-Y-S-M-E-H-F-R-W-G-K-P-V-NH₂ |

図 2・56　メラニン細胞刺激ホルモン（α-MSH）の構造　Ac：アセチル基

チダーゼやカルボキシペプチダーゼによる末端からの加水分解から保護され，生体内でのペプチドの寿命を長くしている．

2・7・3　糖 鎖 の 付 加

　糖タンパク質ホルモンの糖鎖は，ほとんどがアスパラギン糖鎖である．すなわち，アスパラギンの側鎖のアミドの N 原子を介して糖鎖が結合する．糖鎖の付加シグナルとして Asn-X-Ser/Thr（X は任意のアミノ酸）（N-X-S/T）という共通配列が存在する．一般に糖鎖の構造は均一でないことが多い．糖鎖の付加は重要であるが，糖鎖の構造のわずかな違いは活性に大きな影響はないと考えられる．

　糖タンパク質ホルモンの例として，脊椎動物の脳下垂体前葉および中葉で合成される生殖腺刺激ホルモンや**甲状腺刺激ホルモン**（thyroid-stimulating hormone,

TSH）がある．これらはいずれもα鎖とβ鎖からなるが，α鎖は共通であり，β鎖でホルモンの特異性が決まる．甲状腺刺激ホルモンのα鎖には2箇所，β鎖には1箇所糖鎖が結合している．粗面小胞体上でペプチド鎖が合成され，小胞体に入ると直ちに糖鎖付加配列を認識して糖鎖を付加する．ゴルジ体を通過して分泌顆粒になる間に糖鎖は部分的に切断と付加修飾を受ける（図2・57）．

α 鎖   *糖鎖結合部位

```
                                          40
VQDCPECTLQ ENPFFSQPGA PILQCMGCCF SRAYPTPLRS
 *                                        80
KKTMLVQKNV TSESTCCVAK SYNRVTVMGG FKVENHTACH
          89
CSTCYYHKS
```

β 鎖

```
                             *            40
FCIPTEYTMH IERRECAYCL TINTTICAGY CMTRDINGKL
                                          80
FLPKYALSQD VCTYRDFIYR TVEIPGCPLH VAPYFSYPVA
                                  112
LSCKCGKCNT DYSDCIHEAI KTNYCTKPQK SY
```

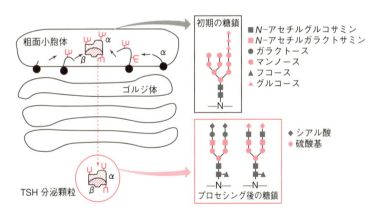

図 2・57　ヒト甲状腺刺激ホルモン（TSH）の構造と糖鎖付加　*のAsn(N)に糖鎖が付加している．

2・7・4　リン酸化

タンパク質のリン酸化は，一般に細胞内情報伝達においてきわめて重要な役割を果たす．機能性分子にもリン酸化されたアミノ酸を含む例が知られている．図2・

58の**CAP-1**はアメリカザリガニの外骨格（殻）を構成するクチクラに含まれるペプチドでキチン結合能と炭酸カルシウムの結晶化阻害能をもつペプチドであり，70残基目のセリン残基（S）側鎖のヒドロキシ基がリン酸化されている．この修飾はクチクラの石灰化に重要な役割を果たしていると考えられている．

DVDLDEIHQE QNIDDDNTIT GSYRWTSPEG VEYFVKYIAD⁴⁰

EDGYRVLESN APVATADGVR ADGAQGSFVS SEDDDDDD⁷⁸

図 2・58　アメリカザリガニのクチクラペプチド **CAP-1** の構造
＊リン酸化部位

2・7・5　硫 酸 化

胃酸の分泌を促す**ガストリンII**や，胆嚢の収縮作用および膵液の分泌を亢進させる作用を有する**コレシストキニン**（CCK8）はチロシン残基（Y）が硫酸化されている（図 2・59）．

ガストリンII　　pQ-G-P-W-M-E-E-E-E-E-A-Y-G-W-M-D-F-NH₂

CCK8　　D-Y-M-G-W-M-D-F-NH₂

図 2・59　ガストリンII およびコレシストキニン (CCK8) の構造　＊硫酸基（−SO₃H）付加部位

2・7・6　ジスルフィド架橋

システイン残基のスルフヒドリル基（SH 基）同士がジスルフィド結合を形成する酸化反応は，ペプチドやタンパク質の正しい立体構造を形成するのに重要である．架橋には，同一ペプチド鎖内および 2 本のペプチド鎖間の 2 種類の架橋様式がある．前胸腺刺激ホルモンは，その両方の架橋を含んでいる（図 3・32 参照）．クルマエビの脱皮抑制ホルモンは分子内に 3 対のジスルフィド結合を含み，立体構造を固定するのに役立っている（口絵 2 参照）．

2・7・7　その他の修飾

脊椎動物の胃で合成される**グレリン**は強力な摂食促進活性を有し，28 アミノ酸残

基からなるペプチドでN末端から3番目のセリン残基（S）に炭素数8個の直鎖の脂肪酸がエステル結合している（図2・60）．この脂肪酸の修飾は活性に必須である．腸球菌 *Enterococcus faecalis* が生産する **GBAP**（gelatinase biosynthesis-activating pheromone）はクオラムセンシング（3・4d節参照）とよばれる菌体の密度に依存した酵素の発現誘導を促すシグナル分子である．11アミノ酸残基からなるこのペプチドの3残基目のセリン(S)の側鎖のヒドロキシ基とC末端のカルボキシ基の間で環状エステルを形成している（図2・60）．この環状エステル構造は活性に必須である．

大腸菌のアシルキャリヤープロテイン（ACP）のタンパク質部分は77アミノ酸残基からなり，その36残基目のセリンが4′-ホスホパンテテインで修飾されている（図2・4参照）．

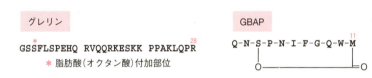

グレリン
*
28
GSSFLSPEHQ RVQQRKESKK PPAKLQPR
* 脂肪酸（オクタン酸）付加部位
GBAP
11
Q-N-S-P-N-I-F-G-Q-W-M
O
O

図 2・60 その他の修飾ペプチドの構造

2・7・8 遺伝情報によらないペプチドの生合成

第二のタイプのペプチドは，遺伝子の翻訳産物として生合成されるものではない．このタイプのペプチドは微生物が生産するものがほとんどで，天然のタンパク質を構成する20種類のL型アミノ酸以外のアミノ酸（異常アミノ酸とよぶ）を含むことが多い．最も代表的なものは ***β*-ラクタム系抗生物質**（*β*-lactam antibiotics）である（図2・61）．**ベンジルペニシリン**は，数多い抗生物質のなかで初めて発見された抗生物質である．ベンジルペニシリンはL-システイン（L-Cys）とD-バリン（D-Val）

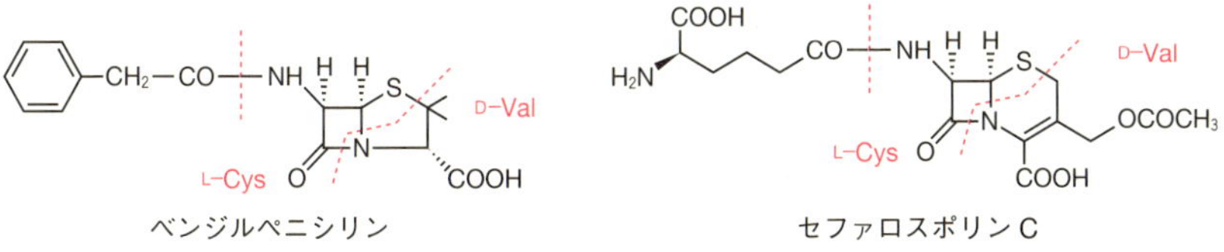
CH2—CO—NH
H H
S
D-Val
N
L-Cys O
COOH
ベンジルペニシリン
COOH
H2N
CO—NH
H H
S
D-Val
N
OCOCH3
L-Cys O
COOH
セファロスポリンC

図 2・61 *β*-ラクタム系抗生物質の構造

の縮合産物にフェニル酢酸がアミド結合したものであり、母核はβ-ラクタムを含む4員環と隣り合う5員環からなる。類似の抗生物質に**セファロスポリンC**がある（図2・61）。これはL-CysとD-Valの縮合の仕方がペニシリンの場合とは異なり、4員環β-ラクタムと6員環とからなるが、生合成は最初にペニシリンと同じ環構造が形成された後、5員環が6員環に拡大してつくられる。いずれも細菌の細胞壁の合成を阻害する。

グラミシジンSは *Bacillus brevis* が生産する抗グラム陽性菌抗生物質であるが、10個のアミノ酸が2回回転点対称軸を有する大環状構造を形成し、D-フェニルアラニン（D-Phe）とL-オルニチン（L-Orn）という異常アミノ酸を含んでいる（図2・62）。

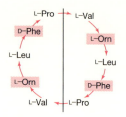

図2・62 **グラミシジンSの構造** 矢印は−CO−NH−の方向性を示す。L-OrnはL-オルニチン（図2・49参照）を示す。

デストラキシン（destruxin）類はカイコの硬化病の原因のひとつである黒きょう病菌 *Metarrhizium anisopliae* が生産する毒素で、五つのアミノ酸とひとつのオキシ酸からなる環状ペプチドである（図2・63）。オキシ酸のカルボキシ基はアミノ酸のアミノ基とアミド結合を、ヒドロキシ基はアミノ酸のカルボキシ基とエステル結合をして環状構造を形成している。このような化合物を**デプシペプチド**（depsipeptide）

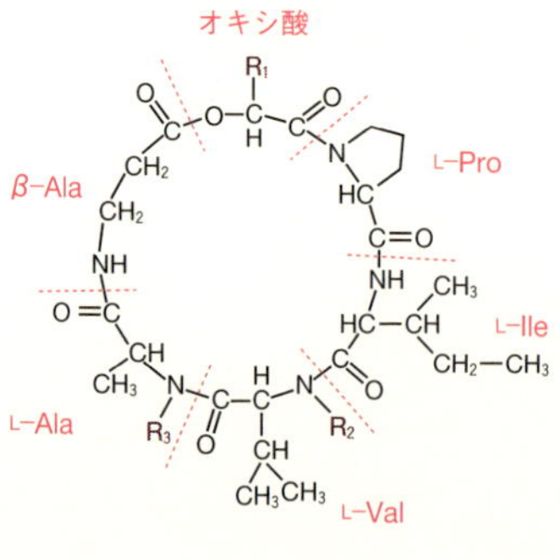

デストラキシン類	R₁	R₂	R₃
デストラキシンA	CH₂=CH−CH₂−	CH₃	CH₃
デストラキシンB	CH₃ CH₃ CH−CH₂−	CH₃	CH₃
デストラキシンC	HOCH₂ CH₃ CH−CH₂−	CH₃	CH₃
デストラキシンD	HOOC CH₃ CH−CH₂−	CH₃	CH₃
デメチルデストラキシンB	CH₃ CH₃ CH−CH₂−	H	CH₃
プロトデストラキシン	CH₃ CH₃ CH−CH₂−	H	H

図2・63 カイコの黒きょう病菌 *Metarrhizium anisopliae* の毒素デストラキシン類の構造

という．デストラキシン類はβ-アラニンという異常アミノ酸を含んでおり，いくつかの類縁体が存在し，デストラキシン A〜D などと命名されている．

ファロトキシン（phallotoxin）類はタマゴテングダケの有毒成分であり，七つのアミノ酸が大環状ペプチドを形成し，トリプトファンとシステインの側鎖同士が結合し，2環式となっている（図2・64）．ヒドロキシロイシンやβ-ヒドロキシアスパラギン酸などの異常アミノ酸を含んでいる．

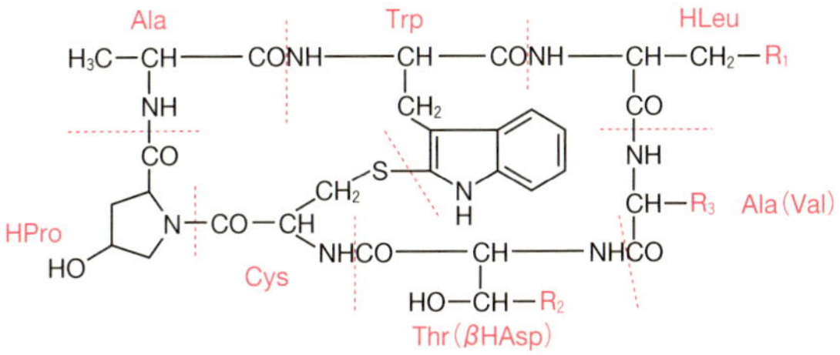

ファロトキシン類	R_1	R_2	R_3
ファロイン	C(OH)〈CH₃ / CH₃〉	CH₃	CH₃
ファロイジン	C(OH)〈CH₃ / CH₂OH〉	CH₃	CH₃
ファリシン	C(OH)〈CH₂OH / CH₂OH〉	CH₃	CH₃
ファラシジン	C(OH)〈CH₃ / CH₂OH〉	COOH	CH〈CH₃ / CH₃〉

図 2・64　**タマゴテングダケ *Amanita phalloides* の有毒成分ファロトキシン類の構造**　HPro はヒドロキシプロリン，βHAsp はβ-ヒドロキシアスパラギン酸，HLeu は（モノ，ジ，トリ）ヒドロキシロイシン

機能から見た内因性生物活性物質

 2章では,生物活性物質を中心に天然の有機化合物をその生合成経路から分類した.生合成による分類は化学構造に基づくものである.一方,これとはまったく異なる基準としてそれぞれの化合物の有する機能から分類することもできる.興味深いことに,これら二つの分類はまったく重なりがない.すなわち,二つの基準は縦糸と横糸の関係,あるいは縦軸と横軸の関係である.この点を考慮して,さまざまな生物活性物質を縦軸に生合成を,横軸に機能をとり,二次元に分類してみた.表2・1では横軸に生物活性を示す対象生物あるいはおもな作用をとっておおまかに分類しているが,機能に関しては,いろいろな分類の仕方が可能であろう.もっと作用機構に視点を置いて,たとえば,DNAやタンパク質の合成阻害,イオン輸送阻害など標的となる対象の違いから分類することもできる.しかし,作用機構が詳細にわかっている化合物は少ないし,複数の作用点をもつ化合物も多いことから,簡単ではない.そこで,この点を考慮して,1・1節での分類に従い内因性(3章)および外因性(4章)に分けて,生物活性物質の機能について述べることにする.

3・1 ホルモン

 ホルモンという概念が形成されたのは100年ほど前のことであるが,それ以前にも関連するいくつかの実験がなされていた.1849年,ドイツのA.ベルトルドは,オンドリの精巣を切除したところ,雄の性特徴であるトサカが小さくなったことを観察した.また,切除した精巣を腹部に戻すと,トサカが正常な個体と同じような大きさに戻った.このことから,ある種の物質(のちに男性ホルモン(テストステロン)であることがわかった)が精巣でつくられ,それが血液を介してトサカにまで

運ばれてそこで作用を発揮することが示された．また，1900年，高峰譲吉は彼の助手であった上中啓三とともに副腎髄質から血糖値や血圧を上昇させる物質を精製，結晶化し，アドレナリンと命名した（コラム参照）．これが純粋な形で取出されたホルモンの最初の例である．

さらに，1902年，イギリスのW.ベイリスとE. H.スターリングが，十二指腸から分泌され，膵臓に作用して膵液の分泌を促進するペプチド性因子を発見し，セクレチンと命名した．スターリングはこの発見を機にこれらの物質に対して，ギリシャ語のホルマオー（「刺激する」の意）という語をもとに，「**ホルモン（hormone）**」という用語を提唱した．「ホルモン」は当初，「生体内の特定の内分泌（エンドクリン）器官でつくられ，血液を介して標的器官に到達し，そこで特有の作用を発揮する物質」と定義された（図3・1）．

しかし，その後，この「ホルモン」という言葉はもっと広義の意味にも使われるようになった．すなわち，ホルモン分子をつくる細胞の近傍の細胞に作用する「傍分泌（パラクリン）」やホルモンをつくる細胞自身に作用する「自己分泌（オートクリン）」にも使われている（図3・1）．また，ホルモンをつくる器官は当初内分泌器官だけと考えられていたが，現在では神経細胞，心臓などの循環器，胃や腸などの消化管，脂肪組織，筋肉，骨などの細胞でもつくられることがわかっている．すなわち，ホルモンはさまざまな細胞が生体内での場所を問わず，互いにコミュニケーションをとりつつ全体として調和した体制（恒常性）を維持するための情報分子として機能する化合物を指す．

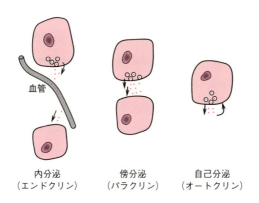

図 3・1　内分泌，傍分泌，自己分泌の違い

これまでにさまざまな器官からホルモン分子が単離,同定され,その作用が明らかにされている.植物では,動物のような器官分化は多様ではなく,物質輸送の手段として道管と師管があるが,それらの役割は血管とはかなり異なっている.植物における物質の細胞間の移動には,いったん細胞から出て移動する方法と細胞間に

高峰譲吉と農芸化学

　高峰譲吉は1854年,加賀藩医の長男として生まれ,16歳で大阪医学校に入学した.しかし,化学に興味をもつようになり,東京大学工学部の前身である工部省工学寮に入学した.卒業後はイギリスに留学し,帰国後は肥料や清酒の醸造などの化学工業を開拓した.東京都江東区には高峰がつくった肥料工場の跡が残されており,記念碑が建てられている(写真).高峰は後に,渡米し,高峰フェルメント社を設立し,麹菌から強力な消化酵素であるタカジアスターゼを抽出することに成功した.この消化酵素を日本で販売するために,三共商会(後の三共株式会社,現在の第一三共株式会社)を設立した.さらに,1900年,ニューヨークの高峰研究所で上中啓三とともに,副腎髄質から分泌され,血圧や血糖値を高めるホルモンであるアドレナリン(エピネフリンともいう)を精製し,初めて結晶化することに成功した.これは,数あるホルモンのなかで純粋な形で結晶化した最初の例である.

　高峰は肥料製造,微生物工業,医薬製造や生化学工業などの基礎から応用まで幅広い農芸化学分野において先駆的業績をあげた.現在の理化学研究所は高峰らの建議によって設立された.また,米国と日本の掛け橋として民間大使の役割も果たした.

東京都江東区大島にある肥料工場跡地にある記念碑

ある原形質連絡（細胞壁を貫通するトンネル状の構造）を利用して移動する二つの方法があることがわかってきた．特に，後者は動物にはない方法であるが，移動する物質の選択性についてはまだ不明の部分が多い．ホルモンの生産部位と作用部位については，分子生物学的方法や組織化学的方法を用いて徐々に明らかにされてきている．

3・1・1 植物のホルモン

上述のように，植物における器官の分化や物質の輸送システムは動物とはかなり異なるが，体内で微量に生産されて特有の生理反応を誘起することから，ホルモンという用語が用いられている．

a. オーキシン

オーキシンは最も早くからその存在が推定されていたホルモンである．1880 年，イギリスの C. ダーウィンがマカラスムギを用いた屈光性の実験から，幼葉鞘の先端が光に感じることを発見した．1919 年，オランダの P. ボイセン・イェンセンは先端で受けた刺激のうち，光を受けた側とは反対側の下部に刺激を伝え，葉鞘を伸長させることを実験で示した．1928 年，オランダの F. W. ウェントはこの刺激の伝達は物質によってなされることを寒天片を使って実験的に証明した（図 3・2）．これがオーキシンである．1933 年，ドイツの F. ケーグルはこの伸長を促す物質を人尿から精製し，オーキシン a，およびヘテロオーキシンと名付けた二つの化合物を，またトウモロコシの胚芽油と麦芽からオーキシン b と名付けた化合物を得た．オーキシン a とオーキシン b は構造も提出されたが，後にその構造は間違っていたことがわ

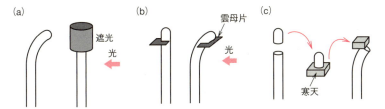

図 3・2　**オーキシンの存在を示す実験**　(a) ダーウィンの実験：マカラスムギの幼葉鞘の先端を遮光すると，屈光性を示さなくなった．(b) ボイセン・イェンセンの実験：雲母片を光が当たる側に挿入したときは屈光性を示したが，反対側に挿入すると，屈光性は示さなくなった．(c) ウェントの実験：マカラスムギの幼葉鞘の先端を切除し，寒天片の上にしばらく静置した後，寒天片だけを切除した幼葉鞘の片側にのせると，のせた側だけが伸長した．

かった．間違っていた構造式の化合物は化学合成されたが，オーキシン活性はまったく示さなかった．真のオーキシンはヘテロオーキシンとよばれた**インドール-3-酢酸**（IAA）であった（図3・3）．酵母やカビの代謝産物からも IAA が単離された．高等植物からは，1946 年になって初めてトウモロコシの未熟種子から IAA が単離された．IAA はトリプトファンから生合成される．

　植物界に存在するおもなオーキシンは IAA であるが，そのほかにもオーキシン活性を有する化合物が単離されている（図3・3）．**4-クロル-IAA** はエンドウの未熟種子から，**5-ヒドロキシ-IAA** はトマトから単離された．植物には糖やアミノ酸と

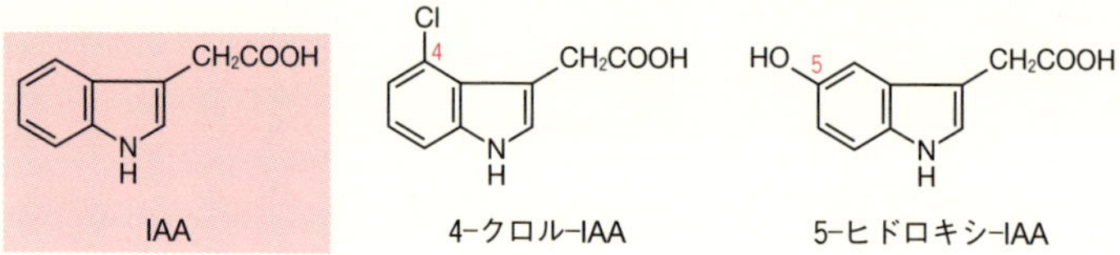

図 3・3　IAA およびオーキシン活性を有する化合物

結合した結合型オーキシンが IAA の数十倍から数千倍含まれているが，オーキシン活性はない．これが IAA を供給するプールの役割を果たしていると考えられているが，明確ではない．

　IAA の生理作用は多岐にわたっている．オーキシンとしての作用が発見されるきっかけになった細胞の伸長生長は，光や重力に対する屈性を説明することができる．すなわち，不均一なオーキシンの分布によってより高い濃度の部分がより多く伸長することによって屈曲する．このほかに，切断した茎に不定根形成を促進する作用，落葉や落果の際に見られる離層の形成を抑制する作用もある．また，頂芽を切除すると腋芽が出てくるが，正常時には腋芽を出させない頂芽優勢の作用もある．さらに，カルス（未分化のまま増殖する細胞塊）に対してサイトカイニンとの濃度のバランスで器官再分化の方向性を決定する作用もある．すなわち，カルスはオーキシン濃度が高いと根に分化し，サイトカイニン濃度が高いと茎や葉に分化する（図3・6参照）．

b. ジベレリン

　イネを異常に伸長させ，やがては枯死させる馬鹿苗病という病気がある．ジベレリンはその病気の原因物質（毒素）として最初に発見され（1 章 p.6 のコラム参照），

3・1 ホルモン

後に植物ホルモンとして認知された．この毒素の化学的研究は藪田貞治郎，住木諭介らによって開始された．1935年，彼らはこの毒素をジベレリンと命名し，1938年，初めて結晶化に成功した．ジベレリンの構造解析は戦後，イギリスのグループとの間で競われたが，化学的手段では構造解析は達成されず，1962年にF.マクキャプラらによるX線結晶構造解析によって成し遂げられた．その後，多くのジベレリン分子種が単離され，それらを単離された順に GA_x（x は数字）と命名することが取決められている．これまでに，活性をもたない関連の化合物を含めて100種以上のGAが同定されている（図3・4）．

ジベレリンがきわめて微量で植物の生長を促すことから，植物自身もこのような化合物をホルモンとしてもつ可能性が考えられた．1958年，イギリスのJ.マクミランはベニバナインゲンの未熟種子から4種のジベレリン（GA_1, GA_5, GA_6, GA_8）の単離に成功した（図3・4）．また，生長が速いことで知られるタケノコにジベレリン様活性が存在することをもとに，1966年，タケノコ44トンの煮汁から14 mgの GA_{19}（図3・4）が単離された（図1・6参照）．その後も高等植物からジベレリンが相次いで単離され，ジベレリンが植物においてホルモンとして機能していることが認められるに至った．なお，GA_{19} は活性型ジベレリンである GA_1 の生合成中間体であることがわかっている（図2・32参照）．

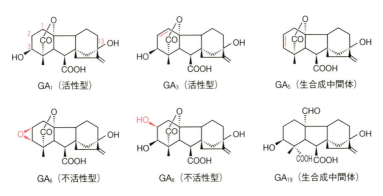

図3・4　代表的なジベレリン（GA）

ジベレリン活性を示すには，ラクトン構造，3位に β 配置のヒドロキシ基を有することが重要で，2位にヒドロキシ基が入ると不活性化する．また，13位のヒドロキシ基は活性に影響しない．

ジベレリンの生理作用は植物に対する茎の伸長生長促進活性である．正常（野生株）より草丈の低い矮性の突然変異株がイネやトウモロコシで得られており，ジベレリンはそのような矮性株に顕著な伸長効果を示す．これはジベレリンの生物検定に利用されている（口絵1および図1・3参照）．現在では，これらの矮性の原因はジベレリン生合成酵素の欠損あるいは変異であることがわかっている．ジベレリンの作用機構も分子レベルで明らかにされつつある（5・1e節参照）．そのほか，開花の促進，種子の休眠打破，麦類の種子のα-アミラーゼ誘導，単為結果の誘導などの活性を有する．α-アミラーゼ誘導能はビール工業における麦芽の製造に，単為結果の誘導能は種子なしブドウの生産に利用されている．

c. サイトカイニン

サイトカイニン（cytokinin）は植物の組織培養における増殖因子として発見された化合物である．1940年代後半から1950年代前半にかけて，米国のF. スクーグらはオーキシン存在下で細胞分裂を促進する化合物を探索したところ，維管束組織抽出液，ココナツミルク，酵母抽出液などに活性を認めた．酵母抽出液から活性物質を精製し，プリン塩基の誘導体であることを明らかにした．そこで，酵母の加熱したDNAから精製し，構造解析した結果，6-フルフリルアミノプリンであることがわかり，これを**カイネチン**と命名した（図3・5）．一方，トウモロコシの未熟種子から天然の活性物質が単離され，**ゼアチン**と命名された（図3・5）．その後，カイネチン様物質は植物に広く存在することが認められ，ホルモンと認められるようになった．プリン環を有し，植物の細胞分裂を促進する活性物質を一般にサイトカイニンとよぶ．

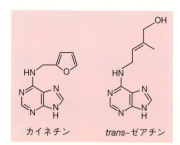

図3・5 サイトカイニン

サイトカイニンは細胞分裂を促進する活性や，カルス（未分化のまま増殖する細胞塊）に茎葉を誘導する活性があるほか，老化の抑制，腋芽の活性化などの作用がある．タバコの茎の髄を高濃度のオーキシンと高濃度のサイトカイニンの存在下に

無菌培養すると，カルスになるが，これにオーキシンのみを加えると根が分化し，サイトカイニンのみを加えると茎や葉が分化してくる（図3・6）．

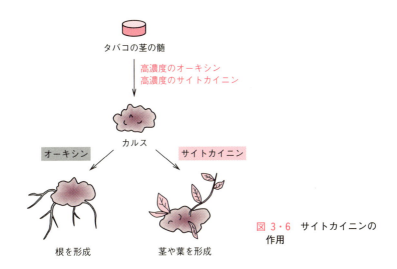

図 3・6 サイトカイニンの作用

d. アブシジン酸

アブシジン酸は植物の生長を抑制する活性を有するホルモンとして単離された．すなわち，1963年，米国のF. T. アディコットと日本の大熊和彦らはワタの芽生えの葉柄を脱離させる活性を指標にした生物検定系を用いて（図3・7），ワタの未熟果実225 kgからアブシジン酸を精製し，9 mgの結晶を得た．1965年，彼らによってアブシジン酸の平面構造が提出されると，化学合成によってその立体構造が明らかにされた（図2・28参照）．2位の二重結合は *cis* であることが活性に重要であり，*trans* 体は活性を示さない．

アブシジン酸は炭素15個のセスキテルペンであるが，生合成はファルネシル二リン酸から直接誘導されるのではなく，炭素40個のカロチノイドの分解産物として得られる（図3・8）．すなわち，ゼアキサンチンからビオラキサンチンに変換された後，三つの段階を経てキサントキシンとなり，アブシジンアルデヒドを経由してアブシジン酸が生合成される．キサントキシンまでは葉緑体で，それ以降の生合成は細胞質で行われる．

アブシジン酸は広く種子植物から検出されるが，シダ，セン類，藻類，タイ類，糸状菌からも検出される．糸状菌におけるアブシジン酸の生合成は植物における生

3. 機能から見た内因性生物活性物質

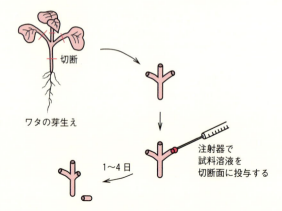

図 3・7 アブシジン酸の生物検定 アブシジン酸活性があると茎のつけ根に離層が形成され，わずかの力で茎が落ちる．

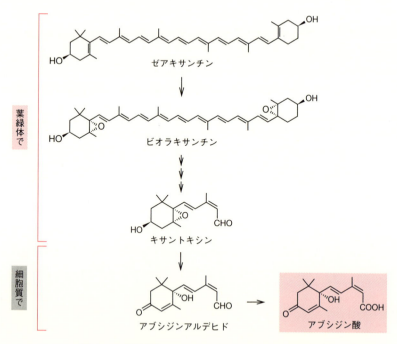

図 3・8 種子植物におけるアブシジン酸の生合成経路

合成とは異なり，ファルネシル二リン酸から直接生合成される．アブシジン酸の生理作用は多様であり，他の促進的に働くホルモンと拮抗して抑制的に働くことが多い．おもな作用として生長阻害，発芽阻害，離層形成の促進，休眠誘導，気孔の閉鎖などがある．

e. エチレン

19世紀までは石炭ガスがガス灯として照明に使われていた．ガス灯が壊れてガスが漏れるとその近くの街路樹に形態異常が起こることが認められ，その原因が追究された結果，照明ガスのなかのエチレンによることがわかった．その後，果実の成熟に**エチレン**が有効であることが見いだされた．1950年代になって，微量のエチレンを定量する技術が開発され，植物自身がエチレンを生成し，空気中へ放出することがわかり，植物ホルモンのひとつに加えられた．

エチレンは植物体内でアミノ酸のメチオニンから生合成される（図3・9）．メチオニンとATPから S-アデノシルメチオニンがつくられ，1-アミノシクロプロパン-1-カルボン酸に変換され，酸化によってエチレンが合成される．エチレンの二つの炭素はメチオニンの β 位および γ 位の炭素に由来する．

エチレンの生理作用としては，上述したように果実の成熟促進効果がある．一般にエチレンによって伸長生長が抑制される．また，葉が垂れ下がる上偏生長という現象が起こる．これは葉のような上側と下側のある組織において，上側の細胞が下側の細胞に比べて速く伸長した結果起こる．風による刺激や機械的な接触のような

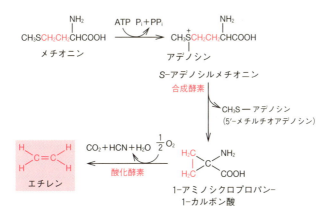

図 3・9　エチレンの生合成

物理的なストレスがかかると，植物は一過的にエチレンを発生し，伸長生長の抑制とともに，横方向への肥大が起こり，丈夫な植物体ができる．このような作用様式を考慮すると，内分泌というより外分泌に当たる可能性が高い．分泌されたエチレンは自身だけでなく近傍の同種あるいは他種の他の個体にも働く．

f. ブラシノステロイド

ブラシノステロイド（brassinosteroids）は植物ホルモンのなかで唯一のステロイド化合物である．1970年，米国農務省のJ. W. ミッチェルは花粉の抽出物中に，インゲンマメの幼植物に対して生長促進活性を有する物質が含まれていることを見いだした．1979年，米国のN. マンダバ，M. D. グローブらはアブラナの花粉200 kgから15 mgの活性物質を単離し，ブラシノライドと命名するとともにX線結晶構造解析により化学構造を決定した（図2・41参照）．日本でも，1968年にイスノキのアブラムシ虫嬰からイネ葉身の傾斜を調べる生物検定法（イネラミナジョイントテスト）を用いて3種の活性物質が単離されたが，あまりに微量であったため構造決定には至らなかった．また，1982年にクリのクリタマバチ虫嬰からイネラミナジョイントテストを用いて活性物質が単離・構造決定され，カスタステロンと命名された．その後，この種の化合物は植物に普遍的に含まれることがわかり，植物ホルモンと考えられるようになった．カスタステロンはブラシノライドの前駆体である（図2・41参照）．B環のラクトン体はケトン体より数倍活性が強く，A環のヒドロキシ基はともにα配置（環面より下側にある）のものが活性が強い．

ブラシノステロイドは双子葉植物では上胚軸，下胚軸，節間，花柄を伸長させ，単子葉植物では子葉鞘や中胚軸を伸長させる．ジベレリンとは相加的な反応しか示さないが，オーキシンとは相乗的な反応を示す．ブラシノステロイドは低濃度で根の伸長生長を促すが，高濃度では逆に阻害する．また，エチレンの合成を促進する作用もある．

g. ジャスモン酸

ジャスモン酸は，1971年，植物病原菌 *Lasiodiplodia theobromae* の培養液から植物生長阻害物質として初めて単離された．1990年代になって植物に病原菌を接種したり，傷つけたりすると，ジャスモン酸類の体内濃度が一過的に上昇することが示された．ジャスモン酸はこのような病傷害などのストレスに対する応答だけでなく，蕊の形成や発達などに関与していることが示され，植物ホルモンと認知されるようになった．7位の炭素の立体の違いによって *cis* 配置の（＋）−イソジャスモン酸と *trans* 配置の（−）−ジャスモン酸が存在する（図2・9参照）．溶液中では *trans* 体の

ほうが安定で優先的に存在する．また，メチルエステル体としても存在している．

ジャスモン酸はリノレン酸を出発にして生合成される（図2・9参照）．病傷害などの刺激によってリパーゼの作用で膜から切り出されたリノレン酸がリポキシゲナーゼによる酸化反応を経てシクロペンテノン構造を有する化合物に変換され，さらにβ酸化によってジャスモン酸が生合成される．

当初，ジャスモン酸の活性本体はジャスモン酸あるいはジャスモン酸メチルと考えられていた．しかし，ジャスモン酸と類似の構造と活性を有し，かつジャスモン酸やジャスモン酸メチルよりはるかに強い活性をもつ**コロナチン**という化合物がイタリアンライグラスのかさ枯病の原因毒素として同定され（図3・10），両者の構造の比較および受容体との親和性の解析から，ジャスモン酸の活性本体は**（＋）-7-イソジャスモン酸イソロイシン縮合体**（図3・10，図2・9参照）であることがわかった．

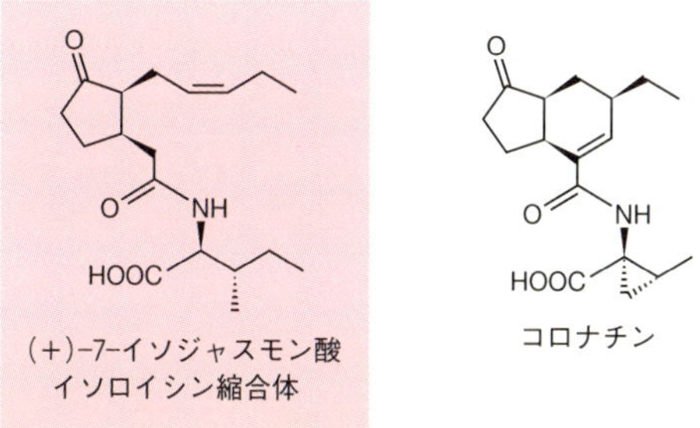

図 3・10　ジャスモン酸の活性本体とコロナチン

ジャスモン酸の生理作用は，上述のように病傷害によるストレス応答の初期反応を誘導する．そのほかに，老化を促進したり，離層形成を促進する．また，葯の開裂や花粉の発芽に必須である．

h. ストリゴラクトン

高等植物の地上部の腋芽は頂芽優勢により，通常は伸びない状態であるが，これは頂芽からのオーキシンにより抑制されているためである．しかし，腋芽が過剰に形成される突然変異体が得られ，その解析からオーキシン以外の物質が関与していることが推定された．この原因遺伝子の解析から，この物質はカロテノイドの開裂産物に由来することが明らかにされ，2008年にストリゴラクトンと同定された（図3・11）．**ストリゴラクトン**（strigolactones）は，双子葉植物および単子葉植物のい

80 　　　　　　　　3. 機能から見た内因性生物活性物質

ずれにおいても枝分かれを抑制するホルモンとして働く. 単子葉植物であるイネで
は, 分げつ（分枝）数を抑える. ストリゴラクトンの生合成経路はカロテノイドを
前駆体としていることはわかっているが, まだ確定していない.

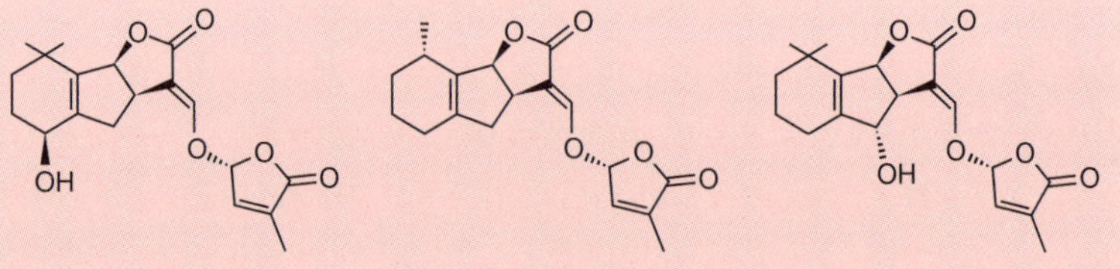

図 3・11　ストリゴラクトン類の化学構造

　ストリゴラクトンは, ストライガやオロバンキなどの寄生植物の発芽促進物質と
して, 1966 年にワタの根の浸出液から単離・構造決定された**ストリゴール**とその類
縁体を含む化合物の総称である. ストライガやオロバンキは特にアフリカや西アジ
アにおいて農作物に寄生して深刻な被害を与えている. ストリゴールは 3×10^{-11} M
というきわめて低濃度でストライガの種子の発芽を誘導する. 他の植物の根からも
類似の活性を有する化合物が得られており, ソルガムからは**ソルゴラクトン**が, イ
ネからは**オロバンコール**が同定されている（図 3・11）. また, ストリゴラクトンは
他感作用をもつ物質である（4・1・1 節参照）.

i. 花成ホルモン

　多くの植物の開花が日長によって制御されており, 葉でつくられる**花成ホルモン**
（flowering hormone, **開花ホルモン**あるいは**フロリゲン**ともよばれる）が茎頂に運
ばれて花芽形成を促すことは, 1920～1940 年には明らかにされていたが, その実体
は長く不明のままであった. 2007 年になって分子遺伝学的解析から短日植物である
イネと長日植物であるシロイヌナズナでようやくタンパク質性ホルモンであること
が明らかにされた. 両植物は日長に対する反応は異なるが, イネでは *Hd3a* の遺伝

```
MAGSGRDRDP  LVVGRVVGDV  LDAFVRSTNL  KVTYGSKTVS  NGCELKPSMV  THQPRVEVGG 60
NDMRTFYTLV  MVDPDAPSPS  DPNLREYLHW  LVTDIPGTTA  ASFGQEVMCY  ESPRPTMGIH 120
RLVFVLFQQL  GRQTVYAPGW  RQNFNTKDFA  ELYNLGSPVA  AVYFNCQREA  GSGGRRVYN 179
```

図 3・12　イネの花成ホルモンのアミノ酸配列

子産物が，シロイヌナズナでは *FT* の遺伝子産物が花成ホルモンそのものであり，両者は分子量約 2 万のタンパク質でアミノ酸配列も類似していることがわかった（図3・12）.

3・1・2 脊椎動物のホルモン

脊椎動物のホルモンは低分子化合物から高分子化合物まで多岐にわたる．表3・1に，ホルモンを合成する組織あるいは臓器ごとにまとめた．また，図3・13にヒトのおもな内分泌器官を示した．化合物としては，低分子有機化合物とペプチド性あるいはタンパク質性ホルモンに大別される．

表3・1　脊椎動物のホルモン，神経ペプチド

ホルモン産生部位	低分子ホルモン	ペプチド・タンパク質性ホルモン
視床下部		成長ホルモン放出ホルモン，ソマトスタチン，甲状腺刺激ホルモン放出ホルモン，副腎皮質刺激ホルモン放出ホルモン，生殖腺刺激ホルモン放出ホルモン，オレキシン
下垂体		成長ホルモン，プロラクチン，甲状腺刺激ホルモン，副腎皮質刺激ホルモン，生殖腺刺激ホルモン，オキシトシン，バソプレシン
松果体	メラトニン	
甲状腺	甲状腺ホルモン	カルシトニン
副甲状腺		副甲状腺ホルモン
生殖腺（精巣，卵巣）	エストロゲン，アンドロゲン	
膵臓		インスリン，グルカゴン
副腎	アドレナリン，鉱質コルチコイド，糖質コルチコイド	
胃，腸		セクレチン，グレリン，コレシストキニン
心臓		ナトリウム利尿ペプチド
脂肪組織		レプチン

a. 視床下部ホルモン

視床下部ホルモン（hypothalamic hormone）は下垂体におけるさまざまなホルモンの生産と分泌を制御していることから，この系は視床下部/下垂体系とよばれている．視床下部ホルモンにはつぎのようなものがある（図3・14）．**成長ホルモン放出因子**（growth hormone-releasing factor, GRF）は下垂体における成長ホルモンの

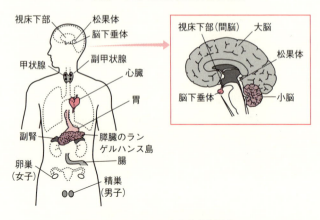

図 3・13　ヒトのおもな内分泌器官

分泌を促し，**ソマトスタチン**（somatostatin あるいは growth hormone-release-inhibiting factor（GH-RIF）は逆にこれを抑える．**副腎皮質刺激ホルモン放出因子**（corticotropin-releasing factor, CRF）は下垂体からの副腎皮質刺激ホルモンの分泌を促す．また，**甲状腺刺激ホルモン放出ホルモン**（thyrotropin-releasing hormone, TRH）は下垂体からの甲状腺刺激ホルモンの分泌を促す（図 2・55 参照）．**生殖腺刺激ホルモン放出ホルモン**(lutenizing hormone-releasing hormone, LH-RH と follicle stimulating hormone-releasing hormone, FSH-RH；二つ合わせて gonadotropin-releasing hormone（GnRH）ともいう）は下垂体からの生殖腺刺激ホルモンの分泌を促す（図 2・55 参照）．

これらのホルモンは血液を介して下垂体に到達し，それぞれのホルモン合成細胞に作用する．これらはいずれもペプチドホルモンである（図 3・14）．成長ホルモン

GRF	YADAIFTNSY RKVLGQLSAR KLLQDIMSRQ QGESNQERGA RARL-NH$_2$ [44]
ソマトスタチン	AGCKNFFWKT FTSC [14]
CRF	SEEPPISLDL TFHLLREVLE MARAEQLAQQ AHSNRKLMEI I-NH$_2$ [41]
オレキシン	pQPLPDCCRQK TCSCRLYELL HGAGNHAAGI LTL-NH$_2$ [33]

図 3・14　視床下部ホルモン（ヒト）のアミノ酸配列　システイン(C) 残基間にジスルフィド結合（S-S）が見られる．

はバランスのとれた成長のためには適度に分泌されることが必要で，GRFとソマトスタチンはそれぞれ正と負に制御している．このバランスがくずれると，巨人症や小人症になる．ソマトスタチン以外のペプチドはC末端がアミド化されている．TRH，GnRHおよびソマトスタチンの精製と構造解析では，R.ギルマンとA.シャリーによる熾烈な競争が展開された（コラム参照）．両者は1977年にノーベル医学生理学賞を受賞した（巻末の付録Aを参照）．

オレキシンは視床下部で生産されるペプチドホルモンでA，Bの2種類があり，主要な活性を担うオレキシンAは33アミノ酸残基からなり，分子内に2対のジスルフィド結合を有している（図3・14）．ヒトにおいてオレキシンが欠損すると，睡眠障害（強い眠気をひき起こす）である"ナルコレプシー"という疾患をひき起こす．オレキシンは睡眠を覚醒させる活性をもつほかに，食欲を誘起する活性も有している．

b. 下垂体ホルモン（pituitary hormone）

下垂体は前葉，中葉，後葉に分けられる．前葉および中葉では，**成長ホルモン**（growth hormone, GH），**プロラクチン**（prolactin, PRL），**生殖腺刺激ホルモン**（gonadotropic hormone, GTH），**甲状腺刺激ホルモン**（thyroid stimulating hormone, TSH，図2・57参照），**副腎皮質刺激ホルモン**（adrenocorticotropic hormone, ACTH），**メラニン細胞刺激ホルモン**（melanocyte-stimulating hormone, MSH）などが合成される．

GH（ヒトでは191アミノ酸残基，図3・15）は肝臓に作用してインスリン様成長

GH
```
FPTIPLSRLF DNAMLRAHML HQLAFDTYQE FEEAYIPKEQ KYSFLQNPQT
SLCFSESIPT PSNREETQQK SNLQLLRISL LLIQSWLEPV QFLRSVFANS
LVYGASNSDV YDLLKDLEEG IQTLMGRLED GSPRTGQIFK QTYSKFDTNS
HNDDALLKNY GLLYCFRKDM DKVETFLRIV QCRSVEGSCG F
```
S−S結合：C(53)−C(165)，C(182)−C(189)

PRL
```
LPICPGGAAR CQVTLRDLFD RAVVLSHYIH NLSSEMFSEF DKRYTHGRGF
ITKAINSCHT SSLATPEDKE QAQQMNQKDF LSLIVSILRS WNEPLYHLVT
EVRGMQEAPE AILSKAVEIE EQTKRLLEGM ELIVSQVHPE TKENEIYPVW
SGLPSLQMAD EESRLSAYYN LLHCLRRDSH KIDNYLKLLK CRIIHNNNC
```
S−S結合：C(4)−C(11)，C(58)−C(174)，C(191)−C(199)

図 3・15　ヒト成長ホルモン（GH）とヒトプロラクチン（PRL）のアミノ酸配列　システイン(C) 残基間にジスルフィド結合（S−S）が見られる．

因子を合成分泌させ，骨組織の成長を促す．PRL は GH と類似のアミノ酸配列を有し（図 3・15），乳腺の発育を促すとともに，乳汁の分泌を起こさせる作用を有する．PRL は下垂体だけでなく，胎盤や子宮など末梢組織でも生産される．GTH には 2 種

視床下部ペプチドの同定をめぐる熾烈な研究競争と日本人研究者

1977 年のノーベル医学生理学賞は視床下部ペプチドの精製と構造解析を成し遂げた米国の R. ギルマンと A. シャリーおよび放射性免疫測定法の開発者であるイスラエルの R. ヤローに贈られた．ギルマンはフランス生まれ，シャリーはポーランド生まれで，ギルマンのほうが 2 歳年長である．ギルマンはカナダで学位を取得後，米国の大学に職を得て，1957 年，シャリーの申し出によって研究費を提供してシャリーとの共同研究を開始した．その内容は，視床下部に由来する因子が脳下垂体で合成されるさまざまなペプチドホルモンの分泌を制御しているという事実に基づいて，その因子を精製し，構造を明らかにするというものであった．その間，ギルマンは研究指導者として振る舞ったが，シャリーは自分では対等の関係であると思っていたので，さまざまなことに満足いかない関係が続いた．しかし，たいした成果もなく，5 年後に二人は別れたが，その後両者は激しく競争することになった．

まず，TRH（甲状腺刺激ホルモン放出ホルモン）研究では，シャリーは 10 万頭のブタの視床下部から，一方，ギルマンは 250 万頭のヒツジの視床下部から精製した．構造解析まで熾烈な競争が続き，結局両者はほぼ同時に（論文発表は約 1 ヵ月シャリーのほうが早かった）ゴールした．シャリーは最後の構造決定をテキサス大学の C. フォーカースにゆだねたため，達成感は少なかった．つぎの標的は LH-RH（生殖腺刺激ホルモン放出ホルモン）になった．シャリーのもとでは，有村章，松尾壽之がそれぞれ生物検定と構造解析を担当した．松尾は微量ペプチドの構造解析技術にすぐれ，その後も重要な生理活性ペプチドをつぎつぎに発見した．彼ら日本人研究者のバックアップにより，この勝負はシャリーに軍配が上がった．さらに，三つ目のソマトスタチン（成長ホルモン放出抑制ホルモン）についてはギルマンに軍配が上がった．このように，両者の戦いは約 15 年続いたが，ともに 1 勝 1 敗 1 引き分けで終わった．ノーベル賞の授賞式では両者は顔を会わせることはなかったという．

その後，CRF（副腎皮質刺激ホルモン放出因子）や GRF（成長ホルモン放出因子）などが他の研究者によって同定された．現在では精製技術と構造解析技術が向上したため，数十頭分の視床下部の材料で精製と構造解析が行えるようになった．

3・1 ホルモン

α 鎖 (TSH, LH, FSH に共通, 89 アミノ酸残基)

VQDCPECTLQ ENPFFSQPGA PILQCMGCCF SRAYPTPLRS KKTMLVQKNV TSESTCCVAK
SYNRVTVMGG FKVENHTACH CSTCYYHKS

TSH β 鎖 (112 アミノ酸残基)

FCIPTEYTMH IERRECAYCL TINTTICAGY CMTRDINGKL FLPKYALSQD VCTYRDFIYR
TVEIPGCPLH VAPYFSYPVA LSCKCGKCNT DYSDCIHEAI KTNYCTKPQK SY

LH β 鎖 (116 アミノ酸残基)

SREPLRPWCH PINAILAVEK EGCPVCITVN TTICAGYCPT MMRVLQAVLP PLPQVVCTYR
DVRFESIRLP GCPRGVDPVV SFPVALSCRC GPCRRSTSDC GGPKDHPLTC DPQHSG

FSH β 鎖 (118 アミノ酸残基)

NSCELTNITI AIEKEECRFC ISINTTWCAG YCYTRDLVYK DPARPKIQKT CTFKELVYET
VRVPGCAHHA DSLYTYPVAT QCHCGKCDSD STDCTVRGLG PSYCSFGEMK QYPTALSY

図 3・16 ヒトの甲状腺刺激ホルモン (TSH), 黄体形成ホルモン (LH) および
卵胞刺激ホルモン (FSH) のアミノ酸配列　α および β 鎖中の下線部には N
結合型糖鎖が付加している.

類あり, **黄体形成ホルモン** (lutenizing hormone, LH) と **卵胞刺激ホルモン** (**沪胞刺
激ホルモン**ともいう. follicle stimulating hormone, FSH) とからなる. LH, FSH, TSH
はいずれも糖タンパク質ホルモンで, すべて α 鎖 (ヒトでは 89 アミノ酸残基) と
β 鎖 (それぞれ, ヒト LH は 116 アミノ酸残基, ヒト FSH は 118 アミノ酸残基, ヒ
ト TSH は 112 アミノ酸残基からなる) のヘテロ二量体からなり, そのうち α 鎖を
共有する (図 3・16). したがって, それぞれの作用には β 鎖が重要である. TSH は
甲状腺を刺激して 2 種類の甲状腺ホルモン, チロキシン (T4) とトリヨードチロニ
ン (T3) を分泌させる (図 3・21 参照). LH と FSH は生殖腺の発達を促し, 雌で
は卵巣の成熟と雌性ホルモン (エストロゲンとプロゲステロン) の分泌を, また雄
では精子形成と雄性ホルモン (アンドロゲン) の分泌を促進する作用を有する.

ACTH は副腎皮質に作用して糖質コルチコイドの生産を促す. α−MSH は ACTH
の N 末端 13 残基とまったく同じである (図 3・17). 実際, α−MSH は ACTH の塩
基性アミノ酸対で切断され, C 末端の塩基性アミノ酸が除去され, グリシンが C 末
端になると, アミド化酵素の働きでアミド化することによって生成する. これらは
プロオピオメラノコルチンというさらに大きな分子量の同一の前駆体から異なる切
断反応によって生じる (図 2・54 参照). この切断のパターンは下垂体の前葉と中葉
で異なっている. 切断の結果, 上記の二つ以外にも多数のペプチドが生成する. そ

86   3. 機能から見た内因性生物活性物質

ACTH	SYSMEHFRWG KPVGKKRRPV KVYPNGAEDE SAEAFPLEF[39]
α-MSH	Ac-SYSMEHFRWG KPV-NH$_2$ [13]
β-MSH	AEKKDEGPYR MEHFRWGSPP KD[22]
γ-MSH	YVMGHFRWDR F-NH$_2$ [11]

図 3・17 副腎皮質刺激ホルモン（ACTH）とメラニン細胞刺激ホルモン（MSH）のアミノ酸配列 Ac はアセチル基を示す.

のなかに，β-MSH および γ-MSH がある（図3・17）．MSH は色素細胞を刺激してメラニン色素の合成を促す.

バソプレシン，オキシトシンは視床下部の細胞で合成され，それらの細胞から延びる軸索は下垂体後葉に投射して終末を形成し，そこから血液に分泌される．したがって，これらは下垂体後葉ホルモンともよばれる．これらはいずれも9アミノ酸残基からなり，配列の相同性が高く，分子内に1対のジスルフィド結合を有し，C末端はアミド化されている（図3・18）．これらの特徴は活性に必須である．バソプレシンは抗利尿作用があり，オキシトシンは子宮収縮作用や乳汁射出作用がある.

バソプレシン	Cys-Tyr-Phe-Gln-Asn-Cys-Pro-Arg-Gly-NH$_2$
オキシトシン	Cys-Tyr-Ile-Gln-Asn-Cys-Pro-Leu-Gly-NH$_2$

図 3・18 **下垂体後葉ホルモンのアミノ酸配列**

下垂体のホルモンを含む情報伝達は階層構造をなしており，たとえば，甲状腺関連では，視床下部―下垂体―甲状腺―全身と情報が流れていくが，その間をつなぐのがホルモンである．この場合は，それぞれ TRH，TSH，チロキシン（後述）がその作用を受けもつ（図3・19）．これらのホルモンは下流にいくほど，量が多くなるという特徴を有する．同様に，成長ホルモン放出ホルモン（ソマトスタチン）―成長ホルモン―インスリン様増殖因子，あるいは生殖腺刺激ホルモン放出ホルモン―生殖腺刺激ホルモン―生殖腺ホルモン（エストロゲン，アンドロゲン）などの中枢から末梢への流れがある．この流れは一方的でなく，末梢ホルモンの負のフィードバック機構によって上位のホルモン生産が制御されている．すなわち，甲状腺ホル

モンであるチロキシンの分泌量が多すぎると，それが TRH および TSH の合成，分泌量を抑制することによって，結果としてチロキシンの分泌量が抑制される．このようにして適切なホルモンの合成量（恒常性）が保たれている．

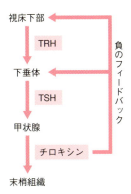

図 3・19　情報伝達の階層構造と制御機構

c. 松果体ホルモン

　松果体は脳の中央部，視床下部の後方に存在し，概日リズムを調節する役割をもっている．この松果体では**メラトニン**とよばれるホルモンが合成され，夜になると徐々に合成・分泌量が増加し，睡眠を促進する作用を有する．メラトニンはトリプトファンからセロトニンを経て合成される（図 3・20）．視床下部から分泌され，睡眠覚醒作用を有するオレキシン（図 3・14 参照）とともに睡眠のリズムをつくっている．

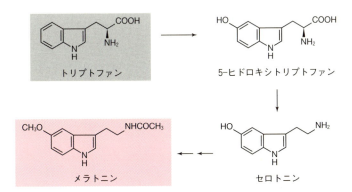

図 3・20　メラトニンの生合成

d. 甲状腺ホルモン，副甲状腺ホルモン

甲状腺は喉の付け根に1対つながった形で存在する．**甲状腺ホルモン**（thyroid hormone）にはヨウ素が含まれる．甲状腺の細胞ではチログロブリンというタンパク質のチロシン残基にヨウ素が取込まれる．ジヨードチロシン同士，あるいはジヨードチロシンとモノヨードチロシンは結合し，これがプロテアーゼによる分解を受けて**トリヨードチロニン**（T3）および**チロキシン**（T4）が生成する（図3・21）．活性はT3がT4より10〜100倍強い．しかし，ヒトでは血中濃度はT4のほうがT3より2桁ぐらい高いので，同程度の寄与をしていることになる．甲状腺ホルモンは成長や分化の促進，物質代謝にかかわっており，基礎代謝を上昇させる．鳥類の換羽，爬虫類の脱皮，両生類や魚類の変態はこのホルモンの作用による．

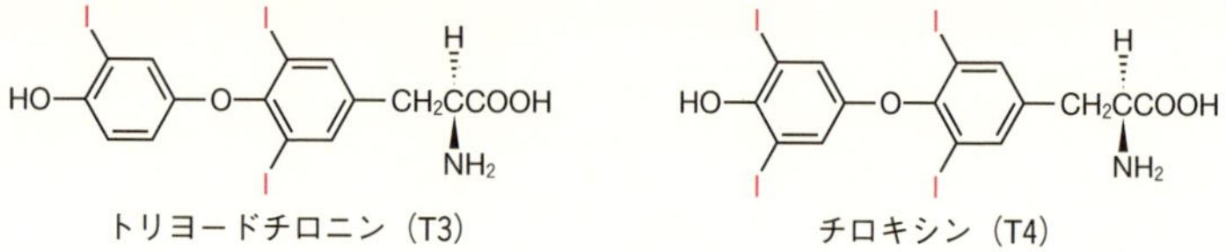

トリヨードチロニン（T3）   チロキシン（T4）

図 3・21 甲状腺ホルモン

カルシトニンは甲状腺のC細胞で合成される32アミノ酸残基からなるペプチドで（図3・22），破骨細胞の活性を抑えることによって，骨からのカルシウムの溶出を抑える．

副甲状腺は両生類以上にのみ存在する．ヒトでは甲状腺に埋没する形で2対存在する．副甲状腺からは84アミノ酸残基からなる**副甲状腺ホルモン**（parathyroid hormone, PTH，**パラトルモン**ともよばれる）が分泌され（図3・22），カルシトニンに拮抗して血液中のカルシウムイオン濃度を上げる働きをする．腸からのカルシウムの吸収を促すとともに，腎臓からのカルシウムの排出を抑制する．

カルシトニン　CGNLSTCMLG TYTQDFNKFH TFPQTAIGVG AP−NH$_2$ [32]

パラトルモン　SVSEIQLMHN LGKHLNSMER VEWLRKKLQD VHNFVALGAP LAPRDAGSQR [50]

　　　　　　　PRKKEDNALV ESHEKSLGEA DKADVDVLTK AKSQ [84]

図 3・22 ヒトの甲状腺および副甲状腺でつくられるペプチドホルモン

e. 生殖腺ホルモン

男性ホルモン（アンドロゲン，テストステロン）および女性ホルモン（エストロゲン，エストラジオール-17β）はいずれもステロイドホルモンである（図2・37参照）．テストステロンは精巣で，エストラジオール-17βは卵巣で生合成される．2章で述べたように，エストラジオール-17βはコレステロールを出発にしてテストステロンを経て生合成され，その最終段階でステロイド骨格のA環が芳香族化する．これらの性ホルモンは性分化および第二次性徴に重要な役割を果たしている．魚類のような下等な脊椎動物では，これらのホルモン投与によって性転換を誘導できる．

f. 膵臓のホルモン

ヒトの血糖（グルコース）濃度は通常110 mg/100 mL前後に保たれている．この恒常性はおもに血糖値を上げる働きをもつ**グルカゴン**と逆にこれを下げる働きをもつ**インスリン**とのバランスによって成り立っている．グルカゴンは膵臓のランゲルハンス島のA細胞で，インスリンはB細胞で合成される．インスリンが合成できなくなると，血糖値が上昇し，I型糖尿病になる．1921年，カナダのF. G. バンティングとJ. J. R. マクラウドはイヌの膵臓を摘出すると血糖値が上がり，これに膵臓の抽出物を注射すると血糖値が急激に低下することを発見し，インスリンの存在を初めて明らかにした．彼らはこの業績によって，1923年ノーベル医学生理学賞を受賞した（巻末の付録Aを参照）．1953年，イギリスのF. サンガーらにより高次構造を有するペプチドとして初めてブタのインスリンの全アミノ酸配列が決定された（図3・23）．サンガーはこの業績により，1958年ノーベル化学賞を受賞した（巻末の付録Aを参照）．

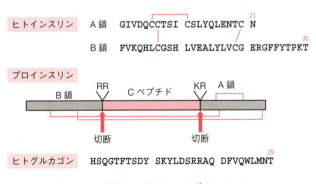

図3・23　膵臓でつくられるペプチドホルモン

90   **3. 機能から見た内因性生物活性物質**

ヒトのインスリンは 21 アミノ酸残基からなる A 鎖と 30 アミノ酸残基からなる B 鎖の間でジスルフィド結合を介して架橋した 2 本鎖ペプチドである．ブタのインスリンとは B 鎖の C 末端のアミノ酸残基のみが異なる（ブタではトレオニン(T) のかわりにアラニン(A)）だけである．成熟ペプチドは 2 本鎖であるが，前駆体である**プロインスリンは 1 本鎖である**．プロインスリンは B 鎖/C ペプチド/A 鎖からなり，A/B 鎖が架橋した後に C ペプチドが切り出され，成熟ペプチドになる．A 鎖内に 1 対の，A/B 鎖間に 2 対，合計 3 対のジスルフィド結合で架橋されている．C ペプチドの両端には塩基性アミノ酸対（RR および KR）が存在しており，この 2 箇所が切断され，C ペプチドが遊離する（図 3・23）．プロインスリンはインスリンに比べて活性は 1/10 以下である．C ペプチド部分がインスリン受容体（5・1a 節参照）に結合するのを妨げるためである．しかし，C ペプチドは A/B 鎖を正しく効率的に架橋させるのに重要である．

ヒトのグルカゴンは 29 アミノ酸残基からなる 1 本鎖ペプチドである（図 3・23）．これもより大きな前駆体分子として翻訳された後，塩基性アミノ酸対で切断され，成熟分子となる．グルカゴンは肝臓に作用し，グリコーゲンを分解して血糖値を上昇させる．

g. 副腎のホルモン

副腎は表層部を副腎皮質とよび，内部を副腎髄質とよぶ．副腎髄質では**アドレナリン**（別名，エピネフリン）がチロシンからジヒドロキシフェニルアラニン（DOPA），ドーパミン，ノルアドレナリンを経て合成される（図 3・24）．アドレナリンは 1900 年高峰譲吉と上中啓三によって初めて結晶化された（本章 p.70 のコラム参照）．ア

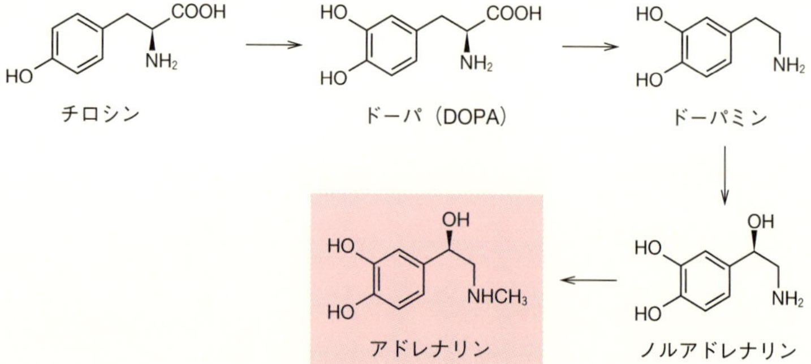

図 3・24 アドレナリンの生合成

ドレナリンは肝臓のグリコーゲンを分解して血糖値を上昇させる．また，血圧上昇作用もある．

　副腎皮質はコルチゾール（糖質（グルコ）コルチコイド）とアルドステロン（鉱質（ミネラル）コルチコイド）を合成，分泌する（図2・37参照）．**コルチゾール**の分泌は下垂体から分泌される副腎皮質刺激ホルモン（ACTH）の刺激によって起こる．何らかのストレスが加えられたとき，ACTHの作用によって糖質コルチコイドが短時間に一気に分泌される．**アルドステロン**は腎臓におけるナトリウムの再吸収を促進し，カリウムの排出を促進する．また，腸ではナトリウムの吸収を促進することによって，血液の電解質平衡を保つ役割を果たしている．

h. 消化管のホルモン

　グレリンは胃の抽出物から発見された28アミノ酸残基からなるペプチドホルモンで，N末端から3残基目のセリン（S）の側鎖のヒドロキシ基に炭素8個の直鎖のオクタン酸がエステル結合した特異な構造を有している（図2・60参照）．グレリンは下垂体からの成長ホルモンの分泌を刺激したり，食欲中枢を刺激して摂食量を増やす働きがある．オクタン酸はこの活性に必須であり，ペプチド部分だけではこの活性を示さない．

i. その他のホルモン，神経ペプチド

　プロスタグランジン（prostaglandin, PG）類および**トロンボキサン**（thromboxane, TX）類は2章で述べたように，脂肪酸のひとつであるアラキドン酸から合成されるホルモンで，構造がわずかに異なる多数の分子種からなる（図2・6参照）．プロスタグランジン類はさまざまな細胞で合成され，その近傍の細胞に働き，速やかに分解されるのが特徴である．1934年，スウェーデンのU.S. フォン・オイラー（1970年，神経伝達物質に関する研究でノーベル医学生理学賞受賞）はヒト精液中に血圧を降下させ，平滑筋を収縮させる物質が存在することを発見した．その後，この研究をひき継いだS. ベルグシュトレームらによってヒツジの精のうから，ウサギの十二指腸腸管の収縮活性を指標にして，1958～1962年に8種類のプロスタグランジンが単離され，それぞれの構造が決定された．プロスタグランジン類の研究に従事したB. サムエルソン，S. ベルグシュトレームおよびJ. ベインは1982年ノーベル医学生理学賞を受賞した（巻末の付録Aを参照）．PG類は多彩な作用を示し，構造が少し異なるだけでまったく逆の作用を示したりするのが特徴である．表3・2に示すように，たとえば，PGE_2は血管を拡張させる活性を示すのに対して，$PGF_{2\alpha}$は逆に血管を収縮させる．PGは一般にC15のヒドロキシ基がケトンに酸化されると失活

する．トロンボキサン類は血小板凝集作用や気管支および血管の収縮作用を示す．アスピリン（アセチルサリチル酸）はプロスタグランジン生合成の初期段階の酸化反応を触媒するシクロオキシゲナーゼの阻害剤であり，抗炎症作用を示す．また，ステロイド性抗炎症薬はリン脂質からアラキドン酸を遊離させる酵素であるホスホリパーゼ A_2 の阻害剤である．

表3・2 プロスタグランジン類およびトロンボキサン類の生物活性

生理作用	促進的	抑制的
血小板凝集	TXA_2, PGH_2	PGD_2
気管支収縮	TXA_2, $PGF_{2\alpha}$	PGE_2
子宮収縮	PGE_2, $PGF_{2\alpha}$	PGI_2
血管収縮	TXA_2, $PGF_{2\alpha}$	PGE_2, PGI_2
血圧	PGD_2, $PGF_{2\alpha}$	PGA_2, PGE_2, PGI_2

レプチンは，1994年脂肪組織から分泌される食欲抑制ホルモンとして単離されたタンパク質性ホルモンで，ヒトのレプチンは146アミノ酸残基からなる．以前は，食欲は神経中枢で制御されていると考えられていたが，最近になって上述のグレリンと同様に末梢組織から分泌されるホルモンが食欲の制御にかかわっていることがわかってきた．

アンジオテンシンは，肝臓で生合成されたアンジオテンシノーゲンとよばれる分子量約6万の糖タンパク質前駆体から合成される．腎臓から分泌されるレニンという酵素の作用によってそのN末端10残基が切り出され（アンジオテンシンⅠ），これがさらにアンジオテンシン変換酵素によってC末端2残基が除去されて活性型（アンジオテンシンⅡ）が合成される（図3・25）．アンジオテンシンⅡは血管の平滑筋を収縮させることによって血圧を上昇させる．アンジオテンシン変換酵素を阻

図3・25 アンジオテンシンの生合成

害すれば，血圧上昇を抑制できるので，その阻害剤は降圧剤として利用されている．

心房性ナトリウム利尿ペプチド（atrial natriuretic peptide, **ANP**）は，心臓の細胞で合成される利尿作用を有するペプチドである．心臓は本来全身に血液を送り出すポンプの役割をもつ器官と考えられていたので，心臓がホルモンを合成することは予期できない発見であった．ヒト ANP は 126 残基の前駆体として合成され，切断を受けて C 末端部分の 28 残基からなるペプチドが主要な形で血液を循環する（図 3・26）．分子内に 1 対のジスルフィド結合を有する．脳から類似のペプチドとして **BNP** （brain natriuretic peptide）および **CNP**（C-type natriuretic peptide）が単離されている．後に，BNP は心臓にも高濃度に存在することがわかった．ANP および BNP は腎臓に働き，水，ナトリウム，カリウム，リンなどの排泄を著しく促進する．また，血管の平滑筋を弛緩させることによって血圧を降下させる作用も有している．CNP は脳内でパラクリン（傍分泌）的に作用する．

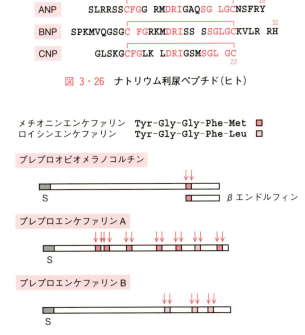

図 3・26　ナトリウム利尿ペプチド（ヒト）

図 3・27　オピオイドペプチドおよびその前駆体の構造　矢印はペプチド結合の切断箇所を，S はシグナルペプチドを示す．

オピオイドペプチド（opioid peptides）は，脳でつくられるペプチドである．ケシの未熟果皮から得られるアヘンの主要アルカロイド成分であるモルヒネの受容体が発見され，体内に本来存在するこの受容体に対するリガンドを探す過程で発見された（5・1b節参照）．モルヒネは鎮痛作用を有するアルカロイドであるが，オピオイドペプチドはN末端にTyrを有するペプチドである．1975年，2種類の5残基のペプチド（ロイシンエンケファリンおよびメチオニンエンケファリン，図3・27）が発見され，続いてそれらの前駆体として，プレプロオピオメラノコルチンやプレプロエンケファリンが発見された（図3・27）．オピオイドペプチドは脳内で鎮痛作用を担っている．

エンドセリンは，1988年に大動脈内皮細胞の培養液から精製された21アミノ酸残基からなるペプチドで（図3・28），強力な血管収縮作用を有する．

図3・28　エンドセリン（ヒト）

3・1・3　無脊椎動物のホルモン

無脊椎動物のなかでも節足動物に属する昆虫類や甲殻類，および軟体動物のホルモンが特に研究されている．昆虫類は農作物に対する害虫として，また養蚕業や養蜂業では益虫として人類と深くかかわっている．甲殻類は水産食資源として重要なだけでなく，海洋の食物連鎖網の重要な位置を占めており，生態系の維持に貢献している．軟体動物は食資源や真珠養殖などで深いかかわりがある．

3・1・3・1　昆虫のホルモン
a. 脱皮・変態を制御するホルモン

昆虫は脱皮，変態しながら成長する．これが内分泌制御によることは，1922年，ポーランドのS.コペッチによって発見された．すなわち，マイマイガの幼虫のいろいろな発生段階で頭胸部間を糸で縛ると縛る時期によって胸腹部が幼虫のままであったり，蛹に変化したりする反応が観察されたことから，脳から脱皮，変態を促すホルモンが分泌されると推定し，このホルモンを**脳ホルモン**（brain hormone）と名付けた．脱皮，変態に関与する内分泌器官を図3・29に示す．

1942年，福田宗一は前胸腺が脱皮を制御することを発見した．その後，脳ホルモ

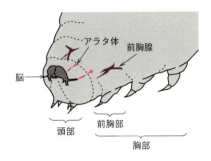

図 3・29 カイコガ幼虫の脱皮・変態に関与する内分泌器官

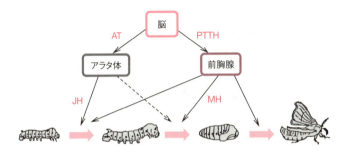

図 3・30 昆虫の脱皮・変態の内分泌機構　PTTH：前胸腺刺激ホルモン，MH：脱皮ホルモン，JH：幼若ホルモン，AT：アラトトロピン（アラタ体刺激ホルモン）

ンは前胸腺を刺激して脱皮ホルモンを分泌させることがわかったので，**前胸腺刺激ホルモン**（prothoracicotropic hormone, PTTH）とよばれるようになった．1950年代までに脱皮変態の基本的な図式が明らかになった（図3・30）．すなわち，脱皮するためには前胸腺から分泌される**脱皮ホルモン**（molting hormone, MH；**エクジステロイド**）が必要であるが，そのときアラタ体から分泌される**幼若ホルモン**（juvenile hormone, JH）の血液中の濃度が十分に高いと幼虫は幼虫脱皮し，幼若ホルモンの濃度が低いあるいはきわめて低いと幼虫は蛹へ，蛹は成虫へ変態する．これら二つのホルモンの産生器官である前胸腺，アラタ体はいずれも脳で合成されるホルモンによって制御されており，前者は前胸腺刺激ホルモンにより，後者はアラトトロピンにより刺激を受けてそれぞれのホルモンを合成する．このような階層的な制御機構は脊椎動物の場合と同様に内分泌制御機構の特徴であり，末梢へいくほど情報伝達物質としてのホルモンの量は増大する．脱皮ホルモンはステロイドであり（図2・40参照），幼若ホルモンはセスキテルペンである（図3・31）．

前胸腺刺激ホルモンは1987年に単離，構造決定された結果，糖タンパク質である

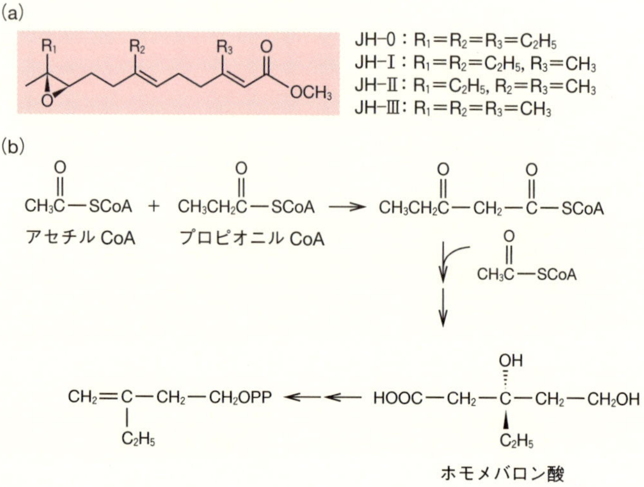

96   3. 機能から見た内因性生物活性物質

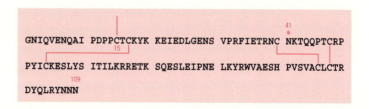

図 3・31 幼若ホルモンの構造（a）とエチル基を有する前駆体生合成（b）

```
          41
          *
GNIQVENQAI PDPPCTCKYK KEIEDLGENS VPRFIETRNC NKTQQPTCRP
         15
PYICKESLYS ITILKRRETK SQESLEIPNE LKYRWVAESH PVSVACLCTR
        109
DYQLRYNNN
```

図 3・32 カイコガの前胸腺刺激ホルモン 41 残基目のアスパラギン（N）*に糖鎖が付加している．15 残基目のシステイン(C) はもう 1 分子の同じ位置の C と結合して二量体を形成している．

ことがわかった（図 3・32）．カイコガの前胸腺刺激ホルモンは 109 アミノ酸残基のポリペプチドのホモ二量体からなり，分子内に 3 対，分子間に 1 対のジスルフィド結合を有し，41 残基目のアスパラギン残基（N）には糖鎖が結合している．このホルモンは単量体でも活性を示し，糖鎖をもたない組換え体分子もやや劣るが活性を示すことから，糖鎖は活性に必須ではない．カイコガでは前胸腺刺激ホルモンは脳の側方部にある左右 2 対の神経分泌細胞で合成され，アラタ体に送られた後，いったん貯蔵され，刺激に応じて血液中へ分泌される（口絵 3 参照）．**アラトトロピン**は短鎖ペプチドである（図 3・33）．アラタ体は脳でつくられる**アラトスタチン**（図 3・

3·1 ホルモン

アラットロピン

Gly-Phe-Tys-Asn-Val-Glu-Met-Met-Thr-Ala-Arg-Gly-Phe-NH₂

アラトスタチン

pGlu-Val-Arg-Phe-Gln-Cys-Tyr-Phe-Asn-Pro-Ile-Ser-Cys-Phe

図 3・33　タバコスズメガのアラットロピンおよびアラトスタチン

33) とよばれるホルモンによって負の制御も受けているらしい.

　脱皮ホルモンは 1953 年, ドイツの A. F. J. ブテナントらによりカイコガから単離された. その後, 構造研究が行われたが化学的に決定することはできず, 最終的には 1965 年, X 線結晶構造解析によって構造が決定された. 脱皮ホルモンはコレステロールから生合成される. しかし, 昆虫を含む節足動物はステロイド骨格を生合成できないので, 餌として外からステロイド化合物を摂取し, 体内でコレステロールに変換する. 前胸腺はコレステロールを取込み, エクジソンを合成する. 脱皮ホルモンの構造上の特徴は A/B 環が *cis* であり, B 環は $\alpha, \beta-$不飽和ケトンを有することであり, これらはいずれも脱皮ホルモン活性に必須である. 前胸腺から分泌されるのはエクジソンで, これはさまざまな器官あるいは血液中で 20 位が酸化され, 活性型の 20-ヒドロキシエクジソンに変換される (図2・40 参照).

　幼若ホルモンは 1967 年, 米国の H. レラーらによってセクロピアカイコの腹部から精製, 単離され, 構造決定された. 幼若ホルモンの構造には昆虫種によって多様性がある. これまでに JH-0, -I, -II, -III の 4 種類が見つかっている (図3・31a). これらは枝分かれがメチル基かエチル基かの違いである. 基本的にセスキテルペノイドであるが, エチル基の枝分かれ部分はメバロン酸の代わりにホモメバロン酸が用いられ, そのホモメバロン酸はアセチル CoA 2 分子とプロピオニル CoA 1 分子とから合成される (図3・31b). どの分子種をおもに合成するかは昆虫種によって異なるが, カイコガではおもに JH-II を合成する.

　エクジステロイドおよび幼若ホルモンは脱皮や変態のほかに, 卵巣の成熟の調節にも関与している. さらに, 幼若ホルモンは社会性昆虫において階級分化を誘導する役割を有する.

b. 羽化ホルモン

　羽化ホルモン (eclosion hormone, EH) は脳でつくられ, 脱皮の直前に血液中に分泌され, 脱皮の行動をひき起こすペプチドホルモンで, カイコガの羽化ホルモン

は62アミノ酸残基からなる（図3・34）．羽化ホルモンは分子内に3対のジスルフィド結合を有する．当初は，このホルモンが成虫脱皮（羽化）のときにだけ働くと考えられていた．後に幼虫脱皮や蛹化脱皮にも働くことがわかったが，羽化ホルモンの名前がすでに定着していたため，この名前がそのまま用いられている．以前は，羽化ホルモンが直接神経に働いて殻を脱ぐという行動をひき起こすと考えられてい

羽化ホルモン（カイコガ）

　　SPAIASSYDA MEICIENCAQ CKKMFGPWFE GSLCAESCIK
　　ARGKDIPECE SFASISPFLN KL
　　　　　　　　　　　　　　62

脱皮行動解発ホルモン（タバコスズメガ）

　　　　　　　　　　　　　　　24
　　SNEAISPFDQ GMMGYVIKTN IPRM-NH₂

図3・34　羽化ホルモンと脱皮行動解発ホルモン

たが，羽化ホルモンは各体節の気門の内側に存在するインカ細胞とよばれる細胞に働いて**脱皮行動解発ホルモン**（ecdysis-triggering hormone, ETH）を分泌させ，これが神経系に働いて脱皮行動を起こさせることがわかった．タバコスズメガの脱皮行動解発ホルモンは24アミノ酸残基からなり，C末端はアミド化されたペプチドである（図3・34）．

c. **休眠ホルモン**（diapause hormone, DH）

　昆虫は種によって胚（卵），幼虫，蛹，成虫などさまざまな時期に休眠する．カイ

休眠ホルモン（DH）
　　　　　　　　　　　　　　24
　　TDMKDESDRG AHSERGALWF GPRL-NH₂

フェロモン生合成活性化神経ペプチド（PBAN）
　　　　　　　　　　　　　　　　　　33
　　LSEDMPATPA DQEMYQPDPE EMESRTRYFS PRL-NH₂

DH/PBAN 前駆体

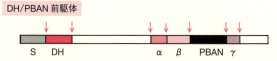

図3・35　カイコガの休眠ホルモンとフェロモン生合成活性化神経ペプチド　Sはシグナルペプチドを，α, β, γはFXPRL-NH₂構造（Xは任意のアミノ酸）を共有するペプチドを表す．矢印はペプチド結合の切断箇所を示す．

コガでは胚発生の初期に休眠し，低温の時期を経て休眠から覚醒する．養蚕業の現場では低温処理や塩酸浸漬処理などによって覚醒時期を調節している．1951年，長谷川金作と福田宗一は独立にカイコガの胚休眠を誘導する休眠ホルモンが食道下神経節でつくられることを見いだした．このホルモンは雌において蛹期の中期に分泌され，卵巣に働いてその卵を休眠へ誘導する．1991年，休眠ホルモンが単離され，構造が決定された．カイコガの休眠ホルモンは24アミノ酸残基からなり，C末端はアミド化されている（図3・35）．ホルモン活性にはC末端の5アミノ酸残基が必須であり，このFXPRLアミドはフェロモン生合成活性化神経ペプチド（PBAN，後述）とC末端構造を共有している．cDNA解析の結果，両者は同一遺伝子上にコードされていることがわかった（図3・35）．

d. 脂質動員ホルモン

バッタは時折大発生し，長距離移動しながら農作物に大きな被害を及ぼすことが知られており，特にアフリカやヨーロッパでは深刻な問題となっている．このバッタの長期飛翔にはエネルギーが必要で，その機構の解明を通して**脂質動員ホルモン**（adipokinetic hormone, AKH）が発見された．1976年，イギリスのJ. V. ストーンらはバッタの側心体の抽出物からホルモンを精製・単離し，構造を決定した（図3・36）．昆虫のペプチドホルモンとして最初に同定されたホルモンである．側心体は脳からアラタ体へ延びる神経の途中の小さな瘤状の神経組織で，脳でつくられたさまざまな神経ペプチドが分泌される神経終末を形成する部分と独自に神経ペプチドなどを産生する部分からなる．脂質動員ホルモンはそのうち後者で産生される．

脂質動員ホルモンは10アミノ酸残基程度からなり，N末端はピログルタミン酸で，C末端はアミド化によって修飾されている（図3・36）．したがって，解離基がなく，比較的脂溶性が高い．このホルモンは脂肪体に働いて，トリグリセリドをジグリセリドと脂肪酸に分解し，その脂肪酸を酸化分解することによって長期飛翔のためのエネルギーに変換している．脂質動員ホルモンは他の昆虫でも見つかっており，ペプチド鎖の長さやアミノ酸残基の置換が認められる．

トノサマバッタ AKH−I	pGlu-Leu-Asn-Phe-Thr-Pro-Asn-Trp-Gly-Thr-NH$_2$
トノサマバッタ AKH−II	pGlu-Leu-Asn-Phe-Ser-Ala-Gly-Trp-NH$_2$
カイコガ AKH	pGlu-Leu-Thr-Phe-Thr-Ser-Ser-Trp-Gly-NH$_2$

図 3・36 脂質動員ホルモン（AKH）

日本の養蚕業と昆虫ホルモン研究

明治時代になって日本の養蚕業は主要輸出産業になるまでに成長し，1930年には世界の繭（まゆ）生産の約60％を占めるまでに至った．しかし，第二次大戦後，生産量は漸減し，2001年には約1000トンと世界の全生産高の0.2％を切るほどまで減少した．この養蚕業を基礎的および技術的側面から支えてきたのは，農林省蚕糸試験場および県の試験場であり，そこではカイコの品種の保存と育種，カイコガの遺伝や生理に関する基本的な研究が行われた．

昆虫ホルモン研究では脳ホルモン（前胸腺刺激ホルモン）や休眠ホルモンの生物検定系の開発，精製，構造解析，cDNAのクローニング，遺伝子発現解析，組換え体ホルモンの合成など世界に先駆けた研究がカイコガを用いて日本の大学を含む研究者によってなされた．特に微量のホルモン精製には大量のカイコガが材料として用いられたが，もし養蚕業という産業的な背景がなかったら成し得ない研究成果であったと考えられる．脳ホルモン研究には約2000万匹が，休眠ホルモン研究には数百万匹のカイコガがホルモンの抽出材料として使われた．

このように1種の昆虫が大量に得られるのは，世界的に見ても日本だけであり，日本においてはじめて成し得た研究といえる．しかし，現在ではこれだけの数の材料を集めるのは不可能であり，1990年前半までに研究が完成したのは幸運であったといえる．カイコガの脱皮ホルモンや性フェロモンの精製と構造解析はドイツのA. F. J. ブテナントのグループによって成し遂げられたが，その材料は日本とフランスから送られたものを使ってなされた．

脳ホルモンの抽出材料であるカイコガの頭部を切取る作業をするアルバイトの女性たち．切取った頭部は直ちにドライアイス上で凍結され，保存された．
写真は著者撮影

3・1 ホルモン

e. フェロモン生合成活性化神経ペプチド

後述するように，蛾の仲間では一般に雌が性フェロモンを分泌し，雄を誘引する．雌による性フェロモン生産がホルモンによって内分泌的に制御されていることが，1984 年，初めて明らかにされた．すなわち，食道下神経節でつくられたホルモンが血液中に分泌され，腹部末端のフェロモン腺に作用して性フェロモンの合成を促す．このホルモンは，1989 年にハマキガの一種から**フェロモン生合成活性化神経ペプチド**（pheromone biosynthesis activating neuropeptide, PBAN）として単離，構造決定された．その後，数種の蛾からペプチドの構造が明らかにされている．

カイコガの PBAN は 33 アミノ酸残基からなり，活性には C 末端の 5 残基とアミド構造が必須である（FXPRL アミド，X は任意のアミノ酸，図 3・35）．上述のように，カイコガの休眠ホルモンとこの部分の構造を共有しており，同一遺伝子上にコードされている（図 3・35）．この遺伝子には，さらに C 末端 5 残基の配列を共有する三つのペプチド（α, β, γ）がコードされているが活性は弱い．

タバコスズメガの利尿ホルモン

RMPSLSIDLP MSVLRQKLSL EKERKVHALR AAAANRNFLN DI-NH$_2$ [42]

トノサマバッタの利尿ホルモン

CLITNCPRG-NH$_2$
CLITNCPRG-NH$_2$

サバクバッタのイオン輸送ペプチド

SFFDIQCKGV TDKSIFARLD RICEDCYNLF REPQLHSLCR SDCFKSPYFK
GCLQALLLID EEEKFNQMVE IL-NH$_2$ [72]

カイコガのボンビキシン II

GIVDECCLRP CSVDVLLSYC [20]
pQQPQGVHTYC GRHLARTLAD LCWEAGVD [28]

バッタのコラゾニン

pQTFQYSRGWT N-NH$_2$ [11]

アワヨトウの体色黒化赤化ホルモン

KLSYDDKVFE NVEFTPRL-NH$_2$ [18]

図 3・37 その他の昆虫ホルモン　pQ はピログルタミン酸残基を示す（図 2・55 参照）．

f. その他の昆虫ホルモン

マルピーギ管（細長い糸状の盲管からなる排泄器官）に作用して利尿作用を示す**利尿ホルモン**（diuretic hormone），神経活動を調節する FMRF アミド，マルピーギ管におけるイオン輸送を制御する働きを有し，後述する甲殻類の血糖上昇ホルモンに構造が類似する**イオン輸送ペプチド**（ion-transport peptide, ITP），ある種の昆虫に対して前胸腺刺激活性を有し，構造が脊椎動物のインスリンに類似している**ボンビキシン**（bombyxin），成育密度に依存した体色変化に関与する**コラゾニン**（corazonin）や**体色黒化赤化ホルモン**（melanization and reddish coloration hormone）などが知られている（図 3・37）．

3・1・3・2 甲殻類のホルモン

甲殻類における内分泌の中心は眼柄（複眼が含まれる頭部から突出した部分）内の X 器官・サイナス腺系である．X 器官とよばれる神経分泌細胞群で生産された各種の神経ペプチドホルモンはそれらの細胞から延びた神経軸索を通ってサイナス腺に集まり，そこから体液に放出される．1905 年，米国の C. ゼレニーは眼柄切除によって脱皮時期が早まることを発見し，初めて眼柄内に脱皮を抑制するホルモンが存在することを示した．これまでに眼柄内で色素胞内の色素顆粒を凝縮させる**赤色色素凝集ホルモン**（red pigment concentrating hormone, RPCH）（図 3・38），逆に色素顆粒を拡散させる**色素拡散ホルモン**（pigment dispersing hormone, PDH）（図 3・38），さらには**血糖上昇ホルモン族ペプチド**（crustacean hyperglycemic hormone (CHH)-family peptides）などが同定されている．

赤色色素凝集ホルモン	pQLNFSPGW-NH$_2$
クルマエビの色素拡散ホルモン	NSELINSLLG IPKVMTDA-NH$_2$

図 3・38　体色変化に関与するホルモン

CHH 族ペプチドは，一般に 70〜80 アミノ酸残基からなり，分子内に 3 対のジスルフィド結合を有している．アミノ酸配列の特徴から二つのタイプ（タイプ I およびⅡ）に分類されている（図 3・39）．タイプ I に属するペプチドはほとんどが 72 アミノ酸残基からなり，C 末端がアミド化されている．一方，タイプⅡに属するペプチドは一般に 75〜78 アミノ酸残基からなり，N 末端から 12 残基目にグリシン（G）

3・1 ホルモン

タイプ I

クルマエビ CHH

```
SLFDPSCTGV FDRQLLRRLG RVCDDCFNVF REPNVATECR SNCYNNPVFR
QCMAYVVPAH LHNEHREAVQ MV-NH₂
```

タイプ II

クルマエビ MIH

```
SFIDNTCRGV MGNRDIYKKV VRVCEDCTNI FRLPGLDGMC RNRCFYPEWR
LICLKAAANRE DEIEKFAVWI SILNAGQ
```

アメリカンロブスター VIH

```
ASAWFTNDECPGV MGNRDLYEKV AWVCNDCANI FRNNDVGVMC KKDCFHTMDF
LWCVYATERH GEIDQFRKWV SILR
```

イチョウガニ MOIH

```
RRINNDCQNF IGNRAMYEKV DWICKDCANI FRKDGLLNNC RSNCFYNTEF
LWCIDATENT RNKEQLEQWA AILGAGWN
```

図 3・39 甲殻類の血糖上昇ホルモン族ペプチド 矢印はタイプ II の特徴である グリシン (G) 残基の挿入位置を示す.

が挿入されており, C 末端は遊離型が多い. CHH 族ペプチドには, CHH のほか に, **脱皮抑制ホルモン** (molt-inhibiting hormone, MIH), **大顎器官抑制ホル モン** (mandibular organ-inhibiting hormone, MOIH), **卵黄形成抑制ホルモン** (vitellogenesis-inhibiting hormone, VIH) が含まれる. CHH はタイプ I に, MIH は タイプ II に, MOIH および VIH は種によってタイプ I に属したり, タイプ II に属 したりする. CHH は血糖 (グルコース) 値を上昇させる活性を有する. MIH は Y 器官に働いて脱皮ホルモンの合成と分泌を抑制する. 脱皮ホルモンは昆虫と同じく エクジステロイドである. 甲殻類では通常 MIH が Y 器官を抑制しているが, この 抑制が解除されたときに初めて脱皮への過程が開始する. この点は, 昆虫において 前胸腺刺激ホルモンが前胸腺を刺激して脱皮ホルモンの合成と分泌を促すのと対照 的である. MOIH は大顎器官に働いて昆虫の幼若ホルモンと構造的に類似のファル ネセン酸メチル (図 3・40) の合成を抑制するが, ファルネセン酸メチルの生理的 役割は不明の部分が多い. VIH は卵黄形成を抑制するので, 眼柄を切除すると卵黄 形成が促進される. 眼柄切除は, 実際エビ類の養殖において催熟技術として利用さ

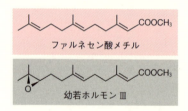

図 3・40 ファルネセン酸メチルと幼若ホルモン Ⅲ

れている．

　甲殻類には**造雄腺ホルモン**（androgenic gland hormone, AGH）とよばれる雄性ホルモンが存在する．AGH は雄にのみ存在する造雄腺で生産され，雄への性分化および雄の性特徴の発達を促す．オカダンゴムシの AGH は A, B 2 本のペプチド鎖からなり，それぞれの鎖内に 1 対の，両鎖間に 2 対のジスルフィド結合を有し，A 鎖には N 結合型糖鎖が結合している（図 3・41）．この糖鎖の付加は活性に必須である．インスリンと同様に，S–B–C–A の 1 本鎖の前駆体で合成され，4 対のジスルフィド結合が形成されたのちに，S（シグナルペプチド）および C ペプチドが除かれて 2 本鎖の成熟ペプチドとなる（図 3・41）．

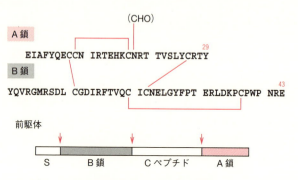

図 3・41　オカダンゴムシの造雄腺ホルモンとその前駆体　（CHO）は N 結合型糖鎖を表す．S はシグナルペプチド，矢印は切断部位を示す．

3・1・3・3　その他の無脊椎動物のホルモン

　棘皮動物に属するヒトデの卵成熟を誘起するホルモンとして **1-メチルアデニン**が金谷晴夫，中西香爾らによって同定された（図 3・42）．また，その前段階として神経系から放出され，生殖巣を刺激する**生殖巣刺激物質**（gonad-stimulating substance, GSS）が単離され，インスリンと類似の構造を有することがわかった（図 3・

3・1 ホルモン

卵成熟誘起物質	生殖巣刺激物質（GSS）

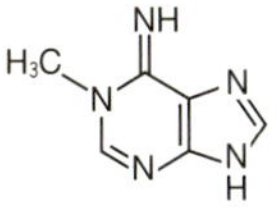

A 鎖　SEYSGIASYC CLHGCTPSEL SVVC[24]

B 鎖　　　　　　EKYCDDDFHM AVFRTCAVS[19]

タコの GnRH 様ペプチド

pGlu-Asn-Tyr-His-Phe-Ser-Asn-Gly-Trp-His-Pro-Gly-NH$_2$[12]

FMRF アミド　　Phe-Met-Arg-Phe-NH$_2$[4]

頭部形成促進因子　pGlu-Pro-Pro-Gly-Gly-Ser-Lys-Val-Ile-Leu-Phe[11]

図 3・42　節足動物以外の無脊椎動物のホルモン

---

42).

　軟体動物の頭足類に属するタコから脊椎動物の GnRH に類似したペプチドが同定されている（図3・42）.また, 二枚貝の神経節から 4 アミノ酸残基からなる **FMRFアミド** が単離され（図3・42）, その後類似の配列を有するペプチドが他の軟体動物から得られている. 心臓の拍動を促進させるほか, 神経に広く分布していることから神経伝達作用があると考えられている. FMRF アミドは昆虫にも存在しており, 同様の作用を有していると考えられている.

　刺胞動物は系統樹の上で脊椎動物と無脊椎動物の分岐する場所に位置している. 刺胞動物に属するヒドラから多くの生理活性ペプチドが同定されており, 他の生物種のペプチドとの比較に興味がもたれている. ヒドラの頭部の形成を促進する因子（**頭部形成促進因子**, head activator）として 11 アミノ酸残基からなるペプチドが明らかにされている（図3・42）.

3・1・4　微生物のホルモン

　ホルモンの定義に当てはまるか議論の余地はあるが, 単細胞の微生物の細胞内で生産されるシグナル物質によって同じ細胞内で開始される反応がある.

　1967 年, ソ連の A. S. コホロフはストレプトマイシン生産菌 *Streptomyces griseus* が産生するホルモン様物質がストレプトマイシン（図4・28参照）の生産と気菌糸形成を制御していることを発見した. この物質の構造を図3・43（a）のように決定し, **A ファクター**と命名した. この成果は当初注目されなかったが, 1980 年になっ

て日本で再確認された．Aファクターをつくれない変異株はストレプトマイシンを合成できない．この変異株にAファクターを添加すると，ストレプトマイシン合成能および胞子形成能がともに回復した．Aファクターは細胞内のリプレッサーとして機能している受容体タンパク質と結合して複合体を形成し，この複合体が標的遺伝子の上流の配列から離れることによって，標的遺伝子の発現を開始させる．その遺伝子産物によって抗生物質生産と胞子形成関連遺伝子のスイッチを入れることが明らかにされている（図3・43b）．

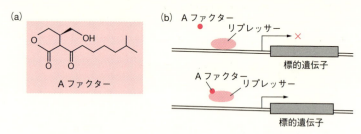

図 3・43　Aファクターの構造（a）および作用機構（b）

3・2 フェロモン

フェロモン（pheromone）という言葉は，同種の他の個体間での情報伝達にかかわる作用を有する化合物に対して，1959年，昆虫の性フェロモンの化学構造の研究をしていたP. カールソン，A. F. J. ブテナント，M. ルシェルによって提唱された．ギリシャ語のpherein（「運ぶ」の意）とhorman（「刺激する」の意）を合成した言葉である．それ以来，フェロモンという用語は昆虫だけでなく，脊椎動物や微生物にまでこの定義に当てはまる化合物に対して広く用いられている．

3・2・1 動物のフェロモン
a. 昆虫のフェロモン

昆虫のフェロモンは作用に応じて5種類（① 性フェロモン，② 集合フェロモン，③ 警報フェロモン，④ 道しるべフェロモン，⑤ 階級分化フェロモン）に分類されている．いずれも昆虫の独特の生活様式に基づくもので，化合物が情報の伝達に利用されており，これが欠けると種の維持や集団の維持などに重大な支障をきたす．

① **性フェロモン**（sex pheromone）

1961年，ドイツのブテナント，カールソンらによってフェロモンとして初めてカ

イコガの性フェロモンが単離された．この性フェロモンはカイコガの学名（*Bombyx mori*）に因んで**ボンビコール**（bombykol）と命名された（図2・8およびコラム参照）．ボンビコールは炭素16個の直鎖のアルコールで10位（*trans*）と12位（*cis*）に二つの二重結合を有する．この幾何異性は活性にきわめて重要で，他の3種の幾何異性体はほとんどフェロモン活性を示さない．雌が腹部の末端にあるフェロモン腺とよばれる組織で合成した性フェロモンを空気中へ揮散させると，それを雄が触角で感知し，誘引され，最終的に交尾に至る．性フェロモンは遠くに離れた異性同士をひき寄せる手段としてきわめて有効である．当初はカイコガのように性フェロモンはひとつの昆虫種にひとつと考えられていたが，後に多くの昆虫において性フェロモンが複数の成分からなることが明らかにされた（図2・8参照）．

また，その複数の成分はそれらの割合が誘引活性に重要であることもわかった．たとえば，ハスモンヨトウは性フェロモンとして（*Z*,*E*）-9,11-テトラデカジエニルアセタートおよび（*Z*,*E*）-9,12-テトラデカジエニルアセタートの2成分を利用しているが（図2・8参照），片方だけではほとんど雄の誘引活性は示さない．しかし，その混合比が4：1〜39：1のときに強い誘引活性を示す．

チャノコカクモンハマキとリンゴコカクモンハマキは同じ二つの成分（（*Z*）-9-テトラデセニルアセタートおよび（*Z*）-11-テトラデセニルアセタート，図3・44）を性フェロモンとして利用している．いずれのハマキガに対しても単独成分ではまっ

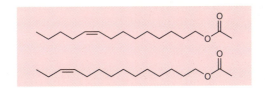

図3・44 チャノコカクモンハマキ，リンゴコカクモンハマキの性フェロモン（2成分）

たく誘引活性はないが，前者は二つの成分比が1：4〜9：1のときに，後者は1：1〜9：1のときに強く雄を誘引する．鱗翅目昆虫ではほとんどが脂肪酸由来のアルデヒド，アルコールおよびその酢酸エステルが性フェロモンとして使われているが，その他の昆虫においてはさまざまな化合物が使われている．これまでに，500種を越える昆虫種で性フェロモンが同定されている．

「ファーブルの昆虫記」と性フェロモン研究

「ファーブルの昆虫記」のなかにオオクジャクガの雌成虫が雄をよび寄せる実験が記されている．夜行性のこのガの雌をカゴに入れておくと，夜の間に雄が群がり寄ってくる．ナフタレンのようなもので匂いを撹乱しても何の効果もないが，カゴをしっかり蓋をすると寄ってこなくなる．昼行性のヤママユガでも同様の現象が見られた．この場合，密閉されたガラス容器のなかに入れた場合は効果がないので，視覚は関係していないらしい．その他のいろいろな実験から，ファーブルは雌が発するエーテル波が遠くの雄をひき寄せるものと考えた．

この実体が性誘引物質（後に，「性フェロモン」とよばれる）であることは，1956年にモントリオールで開催された国際昆虫学会議でドイツのA. F. J. ブテナント，E. ヘッカーらによって初めて明らかにされた．ブテナントはそれから遡ること17年前に7000匹のカイコ処女雌の腹部から性誘引物質を抽出し，部分精製した論文を出して以来，この研究については何も報告していなかったので，その会議で大きなトピックとなった．彼らは313,000匹のカイコ雌ガ腹部末端のフェロモン腺から石油エーテルで性誘引物質を抽出し，精製した結果，1×10^{-5} µg/mLで活性を示す画分を得た．わが国においても同年，牧野 堅博士らが6万匹の雌カイコから性誘引物質を抽出，精製し，最終的に$2 \sim 4 \times 10^{-5}$ µgで活性を

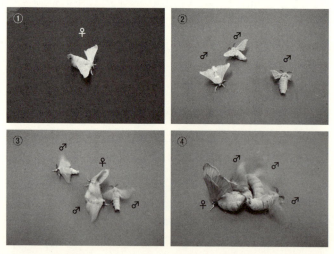

オスのカイコガの集団（②）にメスを一匹投じると，直ちにすべての雄が興奮し，激しい羽ばたきをし（③），争ってメスと交尾しようとする（④）．写真は永田晋治博士による．

コラム（つづき）

示す画分を得，この物質を"ボンビキシン"と命名した．ボンビキシン（bombixin）は第一級のヒドロキシ基を有することが明らかになったが，これ以上の精製は行われなかったのは残念なことである．ブテナントらはさらに大量の材料から精製し，1961年ついに構造を決定した．カイコの学名 *Bombyx mori* から"ボンビコール"と命名された．

現在では，ボンビキシン（bombyxin）はカイコの脳から単離されたインスリン様ペプチドのことを指し（図3・37），日本語では同じ発音となるが，上述の物質と英語のつづりは異なる．

チャバネゴキブリ *Blattella germanica* では雌雄が触角を接触し合ってお互いを認知すると，雄は翅を上げながら雌に背中を向けて交尾の体勢に入る．1974年，石井象二郎らは雌の触角からこの翅上げフェロモンを単離し，2種類の化合物を得た（図3・45）．これらの化合物は不揮発性であるので，情報の伝達には接触することが必須である．ワモンゴキブリ *Periplaneta americana* の雌性フェロモンは1976年に単離，構造決定され，**ペリプラノンB**と命名された（図3・45）．

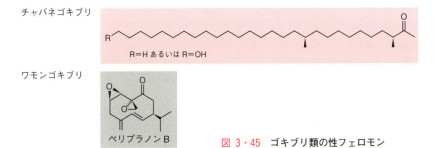

図 3・45　ゴキブリ類の性フェロモン

② **集合フェロモン**（aggregation pheromone）

集合フェロモンには雌雄どちらかの性の昆虫が生産して両方の性の昆虫を誘引するものと，集合性の昆虫で集団の形成や維持に使われているものに分類される．前者には，キクイムシの集合フェロモンがある．キクイムシ類は体長数ミリメートルで樹木に飛来して穴をあけて食害し，糞と木屑の中に集合フェロモンを分泌し，多くの成虫をよび寄せる．*Ips* 属のパイオニアという昆虫の雄は**イプセノール**，**イプス**

ジエノールおよび *cis*-ベルベノール（図3・46）をマルピーギ管から分泌し、雌雄両者を誘引する。後者には、ゴキブリ類の集合フェロモンが含まれる。チャバネゴキブリでは集合を促す匂い物質として **1-ジメチルアミノ-2-メチル-2-プロパノール**が知られている（図3・46）。

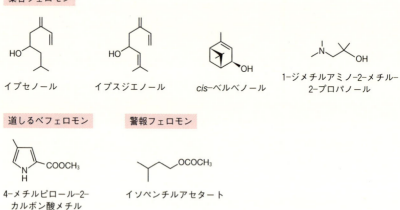

図3・46　昆虫の集合フェロモン，道しるべフェロモン，警報フェロモン

③ 道しるべフェロモン（trail pheromone）

社会性昆虫であるアリ、シロアリ、ミツバチなど巣を出て餌を探すが、巣に戻るための手段として道しるべとなる揮発性物質を放出する（図3・47）。たとえば、ハ

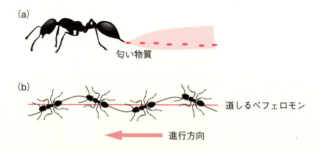

図3・47　アリの道しるべフェロモン　(a) お尻から匂い物質（道しるべフェロモン）を出しながら歩行する，(b) 抽出した道しるべフェロモンを直線上に塗布した上をアリが触覚で検知しながら歩く。

キリアリは **4-メチルピロール-2-カルボン酸メチル**（図3・46）を道しるべフェロモンとして利用している．

④ **警報フェロモン**（alarm pheromone）

ミツバチやアリなどの社会性昆虫が外部から脅威に対して敵対行動をひき起こすフェロモンが警報フェロモンである．たとえば，セイヨウミツバチは**イソペンチルアセタート**（図3・46）を刺針の付属腺から分泌する．

⑤ **階級分化フェロモン**（caste pheromone）

社会性昆虫であるアリ，ハチの仲間では，階級を維持するために利用されている化合物がある．女王バチが大顎腺から分泌する女王物質（図3・48）は働きバチに対して卵巣の発達を抑制する働きをもつ．

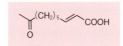

図3・48　階級分化フェロモンのひとつ女王物質の構造

b. 脊椎動物のフェロモン

① **げっ歯類の性フェロモン**：げっ歯類（マウスやラット）の雄の眼窩外涙腺から

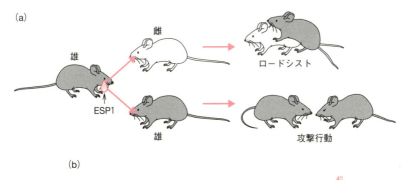

図3・49　マウスの性フェロモンである **ESP1**　(a) 雌と雄に対する作用の違い，(b) ESP1 のアミノ酸配列

出される涙に含まれる性フェロモンである **ESP**（exocrine gland–secreting peptide, 外分泌線から分泌されるペプチドの意味）を成熟した雌に暴露すると，雌の鼻腔下部にある鋤鼻器官で性フェロモンを検知し，最終的に雄を受け入れるマウント体勢（ロードシストよばれる）をとる．一方，雄に対しても作用を示し，他の雄のマウスや自身の攻撃性を高めることがわかっている（図3・49a）．マウスの ESP1 は約 7 kDa のペプチドである（図3・49b）．そのほか，ESP22 という約 10 kDa のペプチドは性成熟する前の幼い雌マウスの涙から分泌され，雄マウスの性行動を抑制することが知られている．ペプチドは揮発性がないことから，雄から雌への情報の伝達は直接接触することによってなされる．ESP1 と類似のペプチドをコードする遺伝子がマウスやラットで多数見つかっているが，ヒトを含む霊長類には存在してしない．

② イモリの性フェロモン：イモリは両生類に属する．イモリは体内受精し，受精卵を生む．性的に成熟した雄を飼っていた水をスポンジにしみこませ，これを雌の飼育槽に入れると，雌がスポンジに寄ってくる．雄には特有の腹腺という器官があり，これを切除すると誘引効果がなくなることから腹腺に雌をひき付ける物質が含まれることがわかった．1998 年，この物質が単離され，構造解析の結果，10 アミノ酸残基からなるペプチドであることが明らかにされ（図3・50），ソデフリンと命名された．これは脊椎動物で発見された初めてのペプチドフェロモンである．ソデフリンは 1×10^{-12} M というきわめて低濃度でフェロモン活性を示す．また，イモリの種の間でも特異性があることが明らかにされている．

Ser–Ile–Pro–Ser–Lys–Asp–Ala–Leu–Leu–Lys[10]

図 3・50 イモリの性フェロモン（ソデフリン）の構造

3・2・2 微生物のフェロモン

微生物に動植物と類似の性があるわけではないが，真菌類のなかには生活環のなかで減数分裂をする時期とそれらが接合して二倍体になる時期とが明確になっている微生物が存在する．また，細菌類においては接合によってプラスミド DNA をもっている菌からもっていない菌にそのプラスミドを複製してわたすという現象が知られている．このような接合過程で接合を誘導する物質が関与していることが明らかとなっている．

a. 子のう菌酵母の接合フェロモン

パン酵母やアルコール発酵に使われる酵母は *Saccharomyces* に属する子のう菌で，有性世代は袋状の子のうに胞子を内生する．有性世代には a 細胞と α 細胞とよばれる一倍体の細胞がそれぞれ分裂して増殖するが，a 細胞と α 細胞が出会うと両者は接合して二倍体になる．この接合の際には，それぞれの細胞から接合誘導物質が分泌され，接合がひき起こされる．1976 年，α 細胞が分泌する **α ファクター**が精製・単離され，構造決定された（図 3・51）．一方，A 細胞が分泌する **a ファクター**は 12 アミノ酸残基からなり，C 末端の Cys の S 原子にファルネシル基が結合している（図 3・51）．

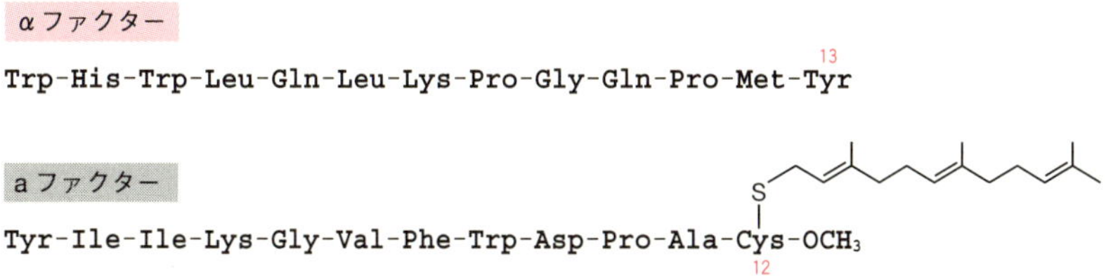

αファクター
13
Trp-His-Trp-Leu-Gln-Leu-Lys-Pro-Gly-Gln-Pro-Met-Tyr
aファクター
S
Tyr-Ile-Ile-Lys-Gly-Val-Phe-Trp-Asp-Pro-Ala-Cys-OCH₃
12

図 3・51 子のう菌酵母の接合フェロモン

b. 異担子菌酵母の接合フェロモン

隔壁をもつ担子器により胞子を外生する異担子菌酵母に属する *Rhodosporidium toruloides* では有性世代に A 細胞と a 細胞の二つの細胞がある．単独で存在するときは，それぞれ増殖するが，両者が出会うと接合する（図 3・52）．この際，A 細胞が接合フェロモン（A ファクター）を分泌して a 細胞に働きかけ，接合管形成を誘導する．つぎに，a 細胞も別の接合フェロモン（a ファクター）を分泌して A 細胞に作用し，接合管形成を誘導する．接合管同士は接合して無性世代となる．A 細胞が

接合型 a
接合型 A
A ファクター
a ファクター

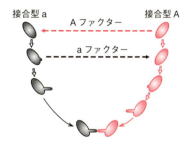

図 3・52 異担子菌酵母 *Rhodosporidium toruloides* の接合現象

分泌するフェロモンは1977年に単離，構造決定され，**ロドトルシンA**と命名された（図3・53）．

シロキクラゲ *Tremalla mesenterica* は食用キノコとして有名であるが，*R. toruloides* と同様に異担子菌に属し，有性世代ではA型菌とa型菌が存在する．両菌はお互いに接合フェロモンを分泌し，相手方に接合管を誘導し，最終的にそれらの先端で接合する．1978年，A型菌が分泌するフェロモンである**トレメローゲンA-10**，およびa型菌が分泌するフェロモンである**トレメローゲンa-13**が精製・単離され，それらの構造が決定された（図3・53）．

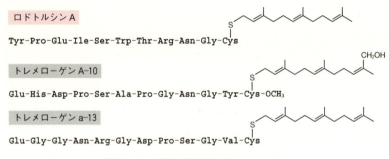

図 3・53　異担子菌酵母の接合フェロモン

これらの接合フェロモンはリポペプチドであり，C末端のシステイン残基のS原子にセスキテルペンであるファルネソールあるいはその誘導体が付加しており，特異な構造を有する．この付加物は接合管誘導活性に必須である．これらにはアミノ酸配列の相同性はほとんどない．トレメローゲンA-10のC末端はメチルエステル化されている．

c. ミズカビの接合フェロモン

淡水性のミズカビの一種 *Achlya* は雌雄異株である．雄性菌は菌糸上に造精器を，雌性菌は造卵器を形成し，これらの間で接合する．この現象を担う物質として，雌菌から分泌され雄菌に造精器を誘導する**アンセリジオール**と，逆に雄菌から分泌され雌菌に造卵器を誘導する**オーゴニオール**（24(28)-dehydro-oogoniol が主成分）が単離され，それらの構造が決定された（図3・54）．これらは，いずれもステロイド骨格を有する．

ミズカビの一種 *Allomyces* は雌雄同株である．同じ菌糸上に雌の配偶子のうと雄の配偶子のうを形成する．雄の配偶子のうからは鞭毛を有する有性配偶子がつくら

れ，雌の配偶子に誘引されて接合受精する．1968 年，この誘引物質が単離，構造決定され，**シレニン**と命名された（図3・54）．シレニンはセスキテルペンである．

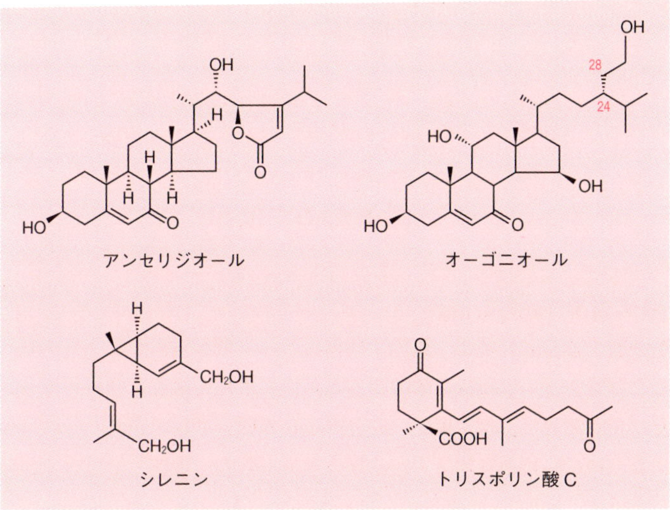

図 3・54　ミズカビおよびケカビの接合フェロモン

d. ケカビの接合フェロモン

土壌や腐敗物などに生育するケカビの一種 *Chonanphora trispora* は，雌雄異株で＋菌と−菌の二つが存在する．それぞれの株の菌糸上に前配偶子のうが形成され，両方の前配偶子のうが接合する．前配偶子のうの形成を誘導する3種類の化合物が単離され，**トリスポリン酸 A, B, C** と命名された．これら三つの化合物のうち主要なものは**トリスポリン酸 C** である（図3・54）．

e. 腸球菌の性フェロモン

グラム陽性細菌である腸球菌 *Entelococcus faecalis* においては，伝達性のプラスミドが存在することが知られている．プラスミドを保有する菌（供与菌）はプラスミドを保有しない菌（受容菌）から分泌されるペプチド性のフェロモンに反応して両者は接合し，供与菌はプラスミドを複製して受容菌にわたす．プラスミドの有無は普通の性とは異なるが，雌雄になぞらえてフェロモンは性フェロモンとよばれている．このような伝達性のプラスミドは多数同定されており，それぞれのプラスミドに対してひとつの性フェロモンが存在する．たとえば，プラスミド pPD1 に対応す

る性フェロモンは **cPD1**，プラスミド pAD1 に対応する性フェロモンは **cAD1** と命名されており，性フェロモン同士のアミノ酸配列は異なっている（図3・55）. 1984年に cPD1 が単離され，構造が決定され，ひき続いて cAD1 の構造も決定された. 性フェロモンはいずれも 7〜8 アミノ酸残基からなり，疎水性が高いという共通の特徴を有する.

| cPD1 | Phe-Leu-Val-Met-Phe-Leu-Ser-Gly |
| cAD1 | Leu-Phe-Ser-Leu-Val-Leu-Ala-Gly |

図 3・55　腸球菌のフェロモン

3・3　増殖因子（growth factor）

　細胞が分裂することは細胞，組織，個体にとって最も大事なことである. 個体から分離した細胞あるいは組織を維持するために，培地の組成を分析したり，組成を改変したりする過程で，増殖因子（成長因子）が同定されてきた. 特に，動物細胞を増殖するために，培地に加える血清成分が調べられ，各種の増殖因子が発見された.

3・3・1　動物の増殖因子

　増殖因子は成長因子ともよばれる. 一般には，細胞，組織，臓器，個体を問わず，微量で劇的に成長や増殖を促進する作用がある. ペプチド性の因子がほとんどで，標的細胞の膜上に存在する特異的な受容体に結合して作用を発揮する. 現在では，数多くの増殖因子が同定されているが，代表的なもののみについて述べる.

a.　インスリン様増殖因子（insulin-like growth factor, IGF）

　インスリンと類似の生物活性をもちながら，抗インスリン抗体で抑制できない因子が血液中に存在することが示され，そのなかから二つのペプチドが単離された. この二つのペプチドは互いに類似のアミノ酸配列をもち，しかもインスリンとも類似していたことから，**インスリン様増殖因子 I, II**（IGF-I, IGF-II）と命名された（図3・56）. これらはいずれも 1 本鎖で，インスリンの前駆体であるプロインスリンと類似しているが（図3・23），インスリンのように C ペプチドが除去されて 2 本鎖になることはない. IGF-I は脳下垂体から分泌される成長ホルモンの刺激によって肝臓でつくられるペプチドで，骨組織に作用しその成長を促す. 一方，IGF-II は胎児において発生に重要な役割をもつと考えられている.

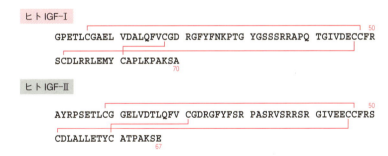

図 3・56　ヒト IGF-I と IGF-II の構造

b. TGF-β （transforming growth factor-β）

TGF-β は，腫瘍細胞が産生し，正常細胞に働き，悪性細胞へ形質転換させるペプチド性因子として発見された．TGF-β は，動物種によってペプチド鎖の長さが異なるが，110〜140 アミノ酸残基からなるペプチドのホモ二量体である．ペプチド鎖には 9 残基のシステイン（C）を有し，5 番目のシステイン同士で 2 本鎖を架橋しており，残りの 8 残基で分子内にジスルフィド結合を形成している．

c. 上皮増殖因子 （epidermal growth factor, EGF）

1962 年，S. コーエンはマウスの顎下腺抽出物中に新生マウスの切歯の発生を促進する因子（EGF）として発見した．一方，コーエンらはヒトの尿中にも同様の物質が存在することを明らかにし，マウスの EGF ときわめて類似したアミノ酸配列を有するペプチドであることを明らかにした．コーエンはこれらの業績により，1986 年ノーベル医学生理学賞を受賞した（巻末の付録 A を参照）．EGF は 53 アミノ酸残基からなり，分子内に 3 対のジスルフィド結合を有する（図 3・57）．このペプチドは，

図 3・57　ヒト上皮増殖因子

皮膚の上皮細胞や血管内皮細胞や肝臓の細胞の分裂を促進したり，骨吸収を促進したり，卵巣におけるステロイド合成を抑制したり，きわめて多様な生理作用を示す．類似の配列が補体，細胞外マトリックス，細胞接着因子などに含まれており，タンパク質機能ドメインの構造と考えられている．

3・3・2 植物培養細胞の増殖因子

植物のカルスを培養するためには，糖，ビタミン，無機塩などのほかに植物ホルモンであるオーキシンとサイトカイニンが必要であり（図3・6），新しい培地に植え継いでいくと，長期間の継代培養が可能である．しかし，植物の単細胞を培養する際にはある程度細胞密度が高くないと増殖速度は極端に遅くなる．ところが，盛んに増殖している細胞の**培養上清**（conditioned medium）を加えると，密度が低くても細胞の増殖が促進される（図3・58）．この現象は，個々の細胞が一定量の増殖因子を分泌しており，その濃度がある閾値を超えると増殖効果を発揮することから説明できる．この因子の効果は既存の植物ホルモンでは代替できないことから，未知の因子と考えられた．

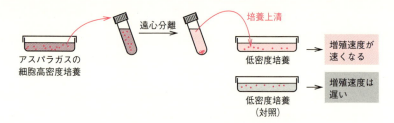

図 3・58　植物培養細胞における培養上清の増殖促進効果

アスパラガスの単離細胞の培養液から2種類の増殖因子が単離，構造決定され，**フィトスルホカイン α，β** と命名された（図3・59）．フィトスルホカインはわずか5および4アミノ酸残基からなり，2残基のチロシンのフェノール性水酸基はいずれも硫酸エステルで修飾されている．この修飾は活性に必須であり，活性を示すにはN末端の3残基が必要である．硫酸化されたチロシン残基は植物ペプチドではほかに見つかっていない．

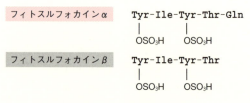

図 3・59　フィトスルフォカイン

イネ，トウモロコシ，ヒャクニチソウの単離細胞の培養液から同様に精製したところ，まったく同じ化合物が得られたことから，この増殖因子は植物に普遍的に存在するらしい．

3・4 その他の内因性生物活性物質
これまで述べた以外にも多くの重要な化合物が生体の機能を支えている．以下におもなものをあげる．

a. フィトアレキシン
植物は動物のような免疫系をもっていない．しかし，病原菌の侵入や傷害に対して植物は低分子の抗菌化合物を生産して対抗する．1952年，ドイツのK.O.ミュラーとH.ベルガーはそのような化合物を総称して**フィトアレキシン**(phytoalexin)とよぶことを提唱した．フィトアレキシンは健全な植物体にはほとんど含まれていないが，機械的な傷害やある種の化学物質によってその生産がひき起こされる．病原菌に対しては特異性は示さず，異なる多くの病原菌に対して生育を阻止する作用を有する．フィトアレキシンの種類は病原菌の種類とは関係なく，宿主の植物によって決まる．エンドウが生産する**ピサチン**，イネが生産する**モミラクトンA**，インゲンの**ファゼオリン**，ジャガイモの**リシチン**などが知られている（図3・60）．

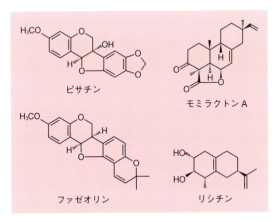

図3・60　おもなフィトアレキシン

b. 植物の生物活性ペプチド
動物ではペプチド類が情報伝達物質としてさまざまな機能をもって生体の恒常性

の維持に寄与しているが，植物は動物ほどの多様な器官分化がないことから，長い間ペプチド類を情報伝達には利用していないと考えられてきた．しかし，花成ホルモンやフィトスルフォカインなどのペプチドやタンパク質の生物活性物質の同定をきっかけに，植物においてもペプチドやタンパク質がホルモンのような機能を担っている可能性が検討されるようになった．これまでに，以下のような機能性ペプチドが同定されている．

維管束は道管と師管およびその間に位置する幹細胞（前形成層）からなり，師管の細胞からは幹細胞の道管細胞（管状要素）への分化を阻害する因子（**管状要素分化阻害因子**，tracheary element differentiation inhibitory factor，**TDIF**）が分泌され，道管分化を抑制すると同時に幹細胞の細胞分裂を促進する．TDIFは2残基のヒドロキシプロリンを含む12残基のアミノ酸からなるペプチドである（図3・61）．

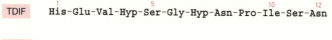

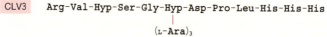

図 3・61 管状要素分化阻害因子（TDIF），茎頂増殖制御因子（CLV3），気孔形成促進因子（ストマジェン）の構造 HypはヒドロキシプロリンCLV3のN末端から6残基目のHypにはL-アラビノースがβ-1,2結合で3残基付加している．

植物の地上部は茎頂の分裂組織から形成されるが，その中心部には常に未分化な細胞が存在し，周辺に分化した組織をつくり出していく．未分化組織の維持と分化へのバランスがとれなくなった変異体の解析から，**茎頂増殖制御因子（CLV3）**が同定された．CLV3は2残基のヒドロキシプロリンを含む13アミノ酸残基からなる糖ペプチドである（図3・61）．糖鎖はN末端から7残基目のヒドロキシプロリンのヒドロキシ基にL-アラビノース残基がβ-1,2結合で結合しており，ペプチドの安定性を高めるとともに，活性の増強に寄与している．

シロイヌナズナから**気孔形成促進因子（ストマジェン）**が同定された．ストマジェンは45アミノ酸残基からなり，分子内に3対のジスルフィド結合を有する（図3・

61).ストマジェンは主として未熟な葉の葉肉細胞でつくられ,細胞外に分泌されて周辺の表皮細胞に働き,気孔への分化を促す.

c. 神経伝達物質

生体内の情報伝達を担う系は,内分泌系と神経系である.前者はいわゆるホルモンによって担われており,後者は神経伝達物質によって担われている.**神経伝達物質**(neurotransmitter)はシナプス前膜から分泌され,シナプス後膜上の受容体に結合することによって,シナプスからシナプスへ興奮を伝達する(図3・62).役目を終えた神経伝達物質は速やかに分解され,神経は元の状態に戻る.おもな神経伝達物質として,**アセチルコリン**,**アドレナリン**,**ドーパミン**,**セロトニン**,**γ-アミノ酪酸**(GABA),**グルタミン酸**などがある(図3・63).

図 3・62 神経伝達物質による情報伝達の仕組み

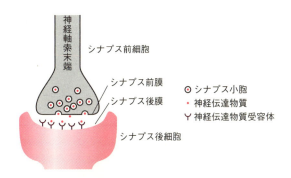

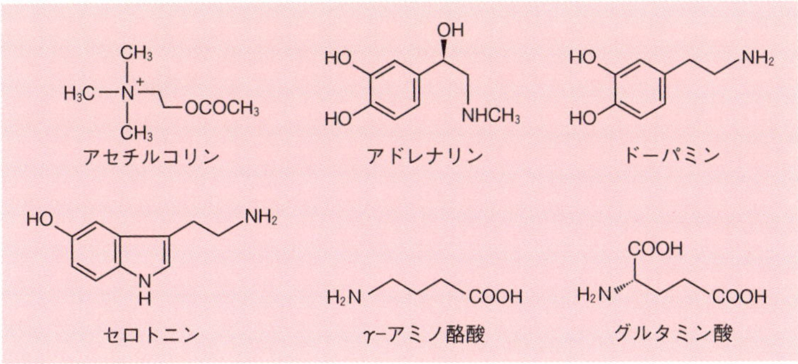

図 3・63 おもな神経伝達物質

d. 細菌のクオラムセンシングをひき起こす自己誘導因子

細菌の密度依存的に起こる現象，特に一定以上の密度になると起こる現象は"クオラムセンシング"とよばれ，この自己誘導因子としてグラム陰性細菌においてはホモセリンラクトン類が知られている．たとえば，緑膿菌 *Pseudomonas aeruginosa* においては一定以上の密度になると，*N*-(3-オキソデカノイル)ホモセリンラクトン（**3OC$_{10}$-HSL**）（図3·64）が病原因子の発現を誘導する．グラム陽性菌では，ブドウ球菌 *Staphylococcus aureus* の **AIP**（図3·64）や腸球菌 *Enterococcus faecalis* の **GBAP**（図2·60）など，病原因子を誘導する環状ペプチド類が知られている．また，枯草菌 *Bacillus subtilis* ではトリプトファン残基がゲラニル基で修飾され3環性構造をもつ6アミノ酸残基からなるペプチドである **ComX** がコンピテンス（DNA 形質転換獲得能）を誘導する（図3·64）．

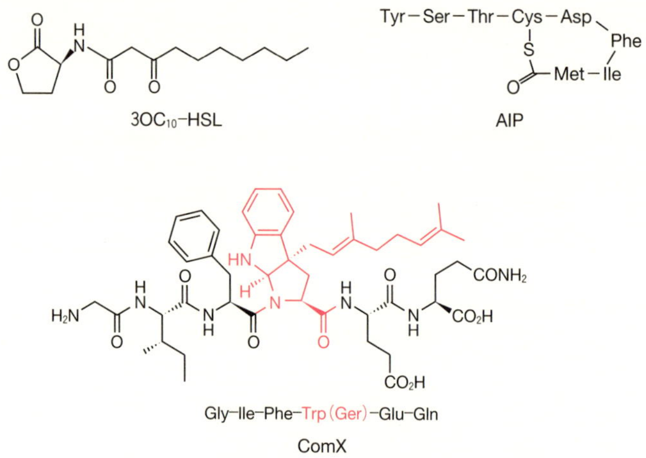

3OC$_{10}$-HSL

AIP

Gly-Ile-Phe-Trp(Ger)-Glu-Gln

ComX

図 3·64 クオラムセンシングをひき起こす自己誘導因子

機能から見た外因性生物活性物質

　前章では生物の体内あるいは同一生物種内で機能している化合物を取上げたが，本章では生物間の相互作用にかかわっている化合物や，ビタミンのようにある生物にとっては必須であるが，自分自身で合成できずに他の生物に依存している化合物や，つくり出している生物にとってはどのような意味をもつかわからないが，他の生物に対して顕著な効果を示す化合物について取上げる．特に，微生物がつくり出す二次代謝産物のなかには有用な化合物が多く，医薬，農薬あるいはそのような実際に有用な化合物へ導くもとになる化合物（リード化合物）として重要な化合物が含まれる．また，これらの化合物のなかにはきわめて複雑な化学構造を有し，しかも多くの不斉炭素を有する化合物が多数含まれており，有機合成化学の格好の標的分子になっている．

4・1　植物生長調節物質

　自然生態系における植物を中心にした現象に化学物質が関与することが明らかにされてきている．また，植物の生長を人為的に促進したり，抑制したりすることは，直接農業生産につながる可能性があることから，そのような活性を有する化合物の探索が行われてきた．

4・1・1　他感物質

　ある植物が生産する化学物質によって他の植物が何らかの作用を受ける現象を**他感作用**（アレロパシー，allelopathy）という．アレロパシーは自然生態系においては植相が変化していく要因のひとつであり，農業の場においては作物や果樹の連作

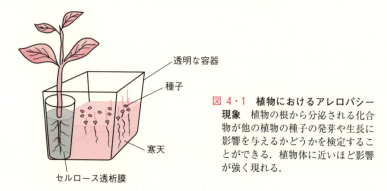

図 4・1 植物におけるアレロパシー現象　植物の根から分泌される化合物が他の植物の種子の発芽や生長に影響を与えるかどうかを検定することができる。植物体に近いほど影響が強く現れる。

障害（忌地現象）の原因のひとつと考えられている。アレロパシー現象を検定する方法を図4・1に示す。植物の根から分泌された化合物はセルロース透析膜を通過して寒天中に拡散していき，他の植物の生育に影響を与える。作物や牧草のアレロパシーを逆に積極的に利用して雑草防除に役立てている。最近では，アレロパシーは，植物に限らず，広く生物間において作用を及ぼす現象を指す用語として用いられており，その原因物質を**他感物質**（**アレロケミカル**, allelochemical）とよんでいる。オオムギの**グラミン**は雑草の生育抑制に，スイカの**サリチル酸**やイチジクの**プソラレン**は連作障害の原因物質として同定されている。また，マリーゴールドでは含硫黄化合物である **α-ターチエニル** が他の雑草の生育を抑制する（図4・2）。

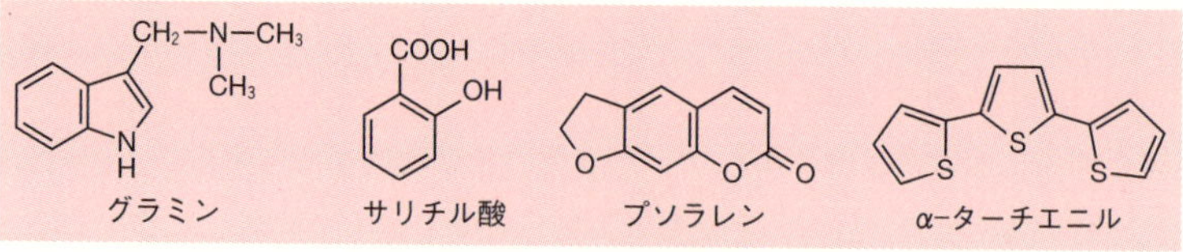

図 4・2　他感物質

ストライガやオロバンキなどの根寄生植物は，農作物や雑草の根に寄生して養分や水分を収奪する雑草である。これらはアフリカ，中東，南アジアなどに分布し，前者はイネ科作物を，後者はマメ科，ナス科，キク科などに属する農作物に大きな被害を与えている。これらの宿主植物の根から分泌される図3・11に示した**ストリゴール**や**オロバンコール**がストライガやオロバンキの種子の発芽を促進させ，結果

的に根への寄生を許す原因になっている．これらの化合物は類縁体を含めてストリゴラクトンと総称され，植物の枝分かれを抑制するホルモンとしても同定されている（3・1・1h 参照）．このようなホルモンが根から分泌されている本来の理由は，寄生植物の種子の発芽を誘導することではなく，植物の共生菌であるアーバスキュラー菌根菌の菌糸の分枝を促し，宿主植物の根の中に樹枝状体とよばれる構造体を形成させ，さらに菌糸を伸長させて植物の根が届かない領域に存在する無機栄養分，特にリン酸を吸収するためである．一方，菌根菌は植物の根から光合成産物を受取っており，共生関係にある（図4・3）．

図 4・3 ストリゴラクトンの役割
←--- はストリゴラクトンの流れ

4・1・2 植物病原菌がつくる毒素

ジベレリン（図2・32）はイネ馬鹿苗病をひき起こす植物病原菌 *Gibberella fujikuroi* がつくる物質である．その徒長作用がもとになって，高等植物自身がジベレリンを生産し，それが正常な生長に必須であることがわかり，植物ホルモンとして位置づけられるようになった．バラ裾枯病の原因物質である *Cylindrocladium scoparium* の生産する **Cyl-2** は，レタスの芽生えの生長を著しく抑制する．Cyl-2 は異常アミノ酸として L-ピペコリン酸，D-O-メチルチロシン，2-アミノ-8-オキソ-9,10-エポキシデカン酸を含む四つのアミノ酸からなる環状ペプチドである（図4・4）．リンゴ斑点病は *Alternaria mali* という病原菌によってひき起こされ，この菌が生産する原因物質である **AMトキシン**は三つのアミノ酸と一つのオキシ酸が環状に結合したデプシペプチド（アミド結合とエステル結合を含む）である（図4・4）．こ

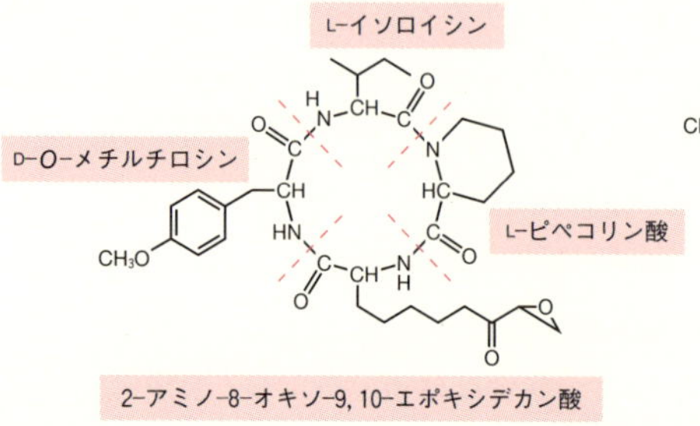

図 4・4　植物病原菌がつくる毒素

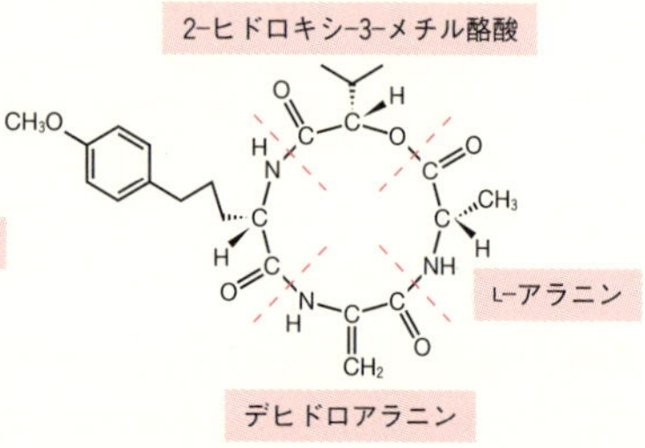

の毒素はリンゴの品種によって活性が極端に異なることから，"宿主特異的毒素" とよばれている．イネごま葉枯れ病は *Drechslera oryzae* が生産する**オフィオボリン A** （図 2・33）というセスタテルペン化合物によってひき起こされる．

4・2　植物由来の薬理活性物質

薬理活性（pharmacological activity）を有する植物成分は古くから民間伝承薬あるいは漢方薬として利用されてきたが，その有効成分の化学構造がわかってきたのは19 世紀になってからである．今でも希少な植物の成分から新規薬理活性物質の探索研究が行われている．薬理活性を示す化合物のなかには，アルカロイドが多数含まれ，2 章の生合成で述べたコカイン（図 2・49），モルヒネ（図 2・50），ビンブラスチンやビンクリスチン（図 2・51），アコニチン（図 2・52）など重要な化合物がある．また，アルカロイド以外でも，やはり 2 章で述べたパクリタキセル（図 2・31）やアルテミシニン（図 2・27）などがある．

4・2・1　モルヒネ

ケシの未熟果皮を傷つけると，アヘンとよばれる白い汁液（opium）が分泌される．このアヘンのなかの主要なアルカロイドが**モルヒネ**である（図 4・5）．この化合物名はギリシャ神話の眠りの神であるモルフィウス（Morpheus）にちなんで命名された．1806 年，ドイツの薬剤師 F. W. A. ゼルチュルナーが初めてアヘンからモルヒネを分離した．鎮痛作用や麻酔作用があり，薬剤として利用されてきたが，一方で習慣性や耽溺作用による慢性中毒作用があるために使用は制限されている．**ヘロイン**はモルヒネの二つのヒドロキシ基がアセチル化された化合物であり（図 4・5），

モルヒネと類似の作用を有する．哺乳動物の脳内にはモルヒネの受容体が存在することがわかり，本来生体内に存在するモルヒネ受容体に結合する化合物が探索された結果，**オピオイドペプチド**が発見された（図 3・27 および 5・1b 節参照）．オピオイド（opioid）という用語は opium に由来する．オピオイドペプチド類の N 末端アミノ酸残基はいずれもチロシンであり，モルヒネと構造上の類似性がある（図 4・5）．

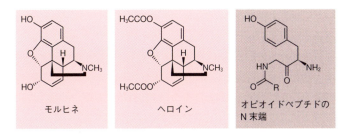

図 4・5　モルヒネ，ヘロインとオピオイドペプチドの N 末端部分の構造の類似性

4・2・2　微小管（チューブリン）に作用する化合物

インドールアルカロイドに属する**ビンブラスチン**や**ビンクリスチン**（図 2・51）は微小管の重合を阻害する作用を通して（図 4・6），細胞分裂を阻害する．微小管は細胞分裂装置である紡錘体に含まれているので，これらの化合物は細胞分裂を中期で止める．この性質を利用して，悪性腫瘍の治療薬として用いられている．

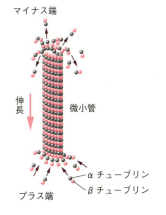

図 4・6　**微小管の構造**　微小管は α チューブリンと β チューブリンの二つのタンパク質のヘテロ二量体からなり，プラス端では重合反応が起こり伸長し，マイナス端では脱重合反応が進行し短くなる．微小管は染色体の動原体に結合し，細胞分裂時に染色体を分配する働きを担う．

パクリタキセル（タキソール）（図2・31）はジテルペンの誘導体であるが，遊離の微小管の安定化および重合促進による過剰形成をひき起こし，微小管の脱重合を抑制することによって，がん細胞の分裂を阻害して抗がん作用を示す．従来の抗がん剤で治療が困難な卵巣がん，乳がん，肺がんなどの固形がんにも有効である．

4・2・3 その他の薬理活性物質

マラリアの特効薬として有名な**キニーネ**（図2・52）はキノリン骨格を有するアルカロイドで，アカネ科キナ属の植物成分である．インド大麻 *Cannabis sativa var. indica* の雌株の茎頂部を刻んでタバコと混ぜたものが**マリファナ**である．このインド大麻の主成分は**カンナビノール**（図4・7）であり，これと類似の構造を有する化合物群は**カンナビノイド**（cannabinoids）とよばれる．マリファナは精神的緊張の解除と陶酔感をひき起こす．毒性は強くないが，栽培，所持，利用はすべて禁じられている．

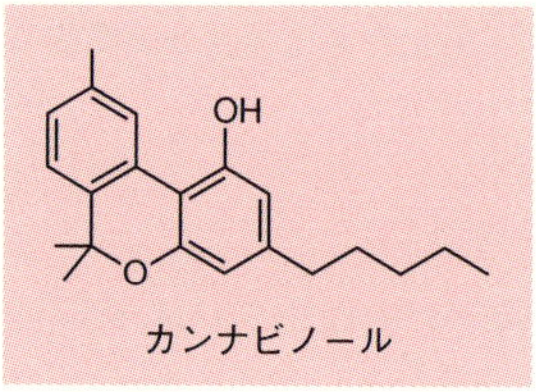

カンナビノール

図 4・7 インド大麻の主成分
カンナビノール

4・3 ビ タ ミ ン

ビタミン（vitamin）はヒトが正常な代謝機能を維持していくために必須で微量の化合物であるが，自分自身で合成することができないので，食事によって補う必要がある．ビタミンは，その化学的性質によって，"脂溶性ビタミン"と"水溶性ビタミン"に大別される．ビタミンが発見されるまで，ヒトはタンパク質，脂質，糖質，無機質の4大栄養素があれば，生きていけると考えられていた．ビタミンの発見にかかわった多くの科学者がノーベル賞を受賞している（巻末の付録Aを参照）．

4・3・1 脂溶性ビタミン

ビタミンAは，**レチノール**ともよばれ，抗夜盲症因子として発見された．ビタミンAは植物中で β-カロテンなどから生合成される．ビタミンA（11-*trans*-レチノール）は 11-*cis*-レチノールに異性化した後，11-*cis*-レチナールに酸化され，網膜の

4・3 ビタミン

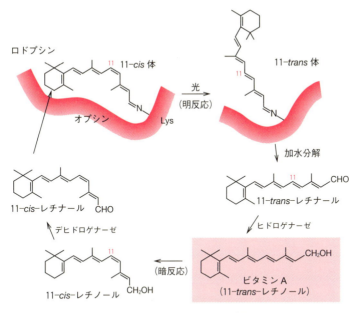

図4・8 ビタミンAの作用機構

視覚タンパク質であるオプシンのリシン残基とシッフ塩基を形成してロドプシンとなる. これが光エネルギーにより 11-*trans*-レチナールに変換されると, オプシンから解離し, 還元されて元のビタミンAに戻る (図4・8). オプシンは分子量約6万の7回膜貫通型のGタンパク質共役型受容体 (5・1節参照) である.

ビタミンDは, 抗くる病因子として発見された. ビタミンDそのものには生物活性はほとんど見られず, 最終的に活性型に変換されることで作用を発揮する (図2・38参照). ビタミンDは, 小腸粘膜上皮に作用してカルシウムとリンの吸収を促進し, 腎臓ではそれらの再吸収を促す. また, 骨においてはヒドロキシアパタイトの動員と石灰化を促進する. その作用はステロイドホルモンと類似しており, 細胞内のビタミンD受容体と結合して核内に移行し, 標的遺伝子の発現を制御する (5・1d節参照).

ビタミンEは, **トコフェロール**ともよばれ, 天然には8種類の同族体が存在するが, α-トコフェロールが主成分である (図4・9). ビタミンEは非特異的な抗酸化作用を有し, 生体膜における過酸化反応を防止する役割を果たしている.

ビタミンKは, 抗出血性ビタミンともよばれる. 植物の葉に多い**フィロキノン**

130　　　　　4.　機能から見た外因性生物活性物質

（K_1）と細菌がつくる**メナキノン**（K_2）が知られている（図4・9）．ビタミン K は血液凝固因子の生合成に不可欠であり，欠乏すると血液が凝固できず，出血が止まらなくなる．

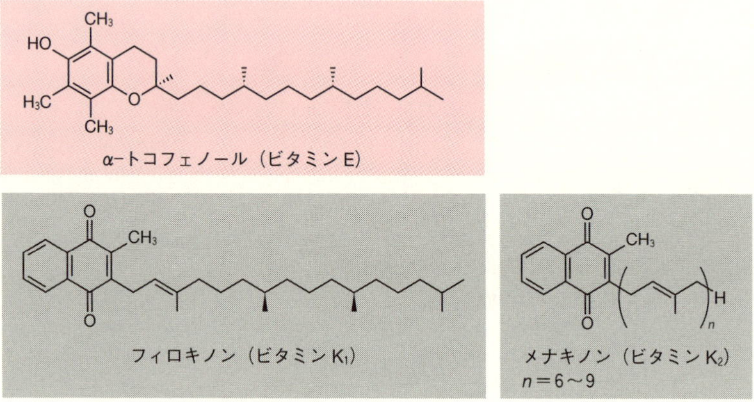

α-トコフェノール（ビタミン E）

フィロキノン（ビタミン K_1）

メナキノン（ビタミン K_2）
$n = 6 \sim 9$

図 4・9　ビタミン E およびビタミン K

4・3・2　水溶性ビタミン

ビタミン B_1 は，**チアミン**ともよばれ，抗脚気因子として米糠や酵母に含まれていることが発見された（図4・10，本章 p.132 のコラム参照）．ビタミン B_1 がビタミンのなかで最初に発見され，アミンであったために，vitamin（vita（生命）＋amine（アミン））という名前が付けられたが，他のビタミンでアミンの性質をもつものは多くない．ビタミン B_1 が欠乏すると，神経や心血管系に炎症が起こる．ビタミン B_1 はチアミン二リン酸として，ピルビン酸および α-ケトグルタル酸の酸化的脱炭酸反応をつかさどる酵素の補酵素として働く．

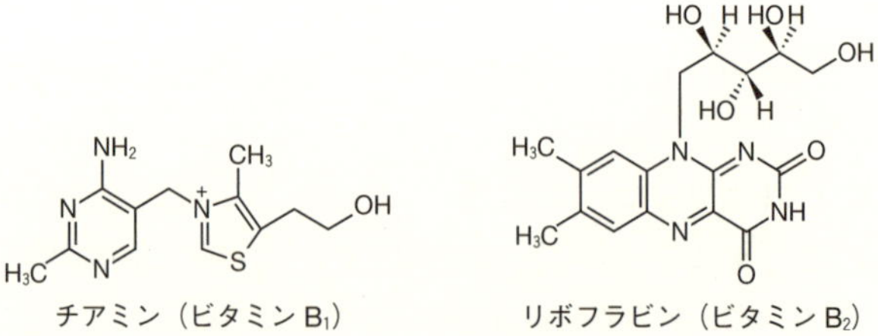

チアミン（ビタミン B_1）

リボフラビン（ビタミン B_2）

図 4・10　ビタミン B_1 およびビタミン B_2

4・3 ビ タ ミ ン   131

ビタミン B_2 は，リボフラビンともよばれ（図4・10），牛乳，卵，肉，緑色野菜などに多く含まれる．水溶液は黄色を呈し，蛍光を発する．ビタミン B_2 が欠乏すると，皮膚炎，口内炎，舌炎，咽頭痛などが起こる．生体内ではフラビンモノヌクレオチドあるいはフラビンアデニンジヌクレオチドとして存在し，フラビンタンパク質あるいはフラビン酵素とよばれる酸化還元酵素の補欠分子族として機能する．

ビタミン B_6 は，三つの化合物からなるが（図4・11），いずれもピリドキサールリン酸に変換されて，トランスアミナーゼや α-アミノ酸デカルボキシラーゼの補酵素として働く．ビタミン B_6 が欠乏すると，皮膚病，中枢神経障害，造血不全などが起こる．

ビタミン B_{12} は，シアノコバラミンともよばれ，抗悪性貧血因子として発見された（図4・12）．アデノシルコバラミンとメチルコバラミンは補酵素として働き，前

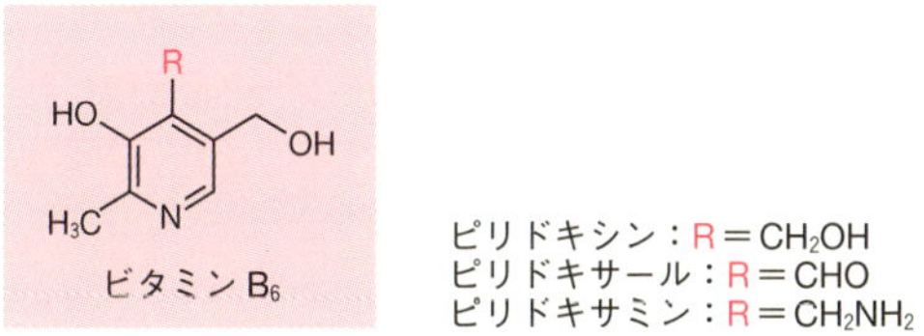

ピリドキシン：R＝CH_2OH
ピリドキサール：R＝CHO
ピリドキサミン：R＝CH_2NH_2

図 4・11　ビタミン B_6

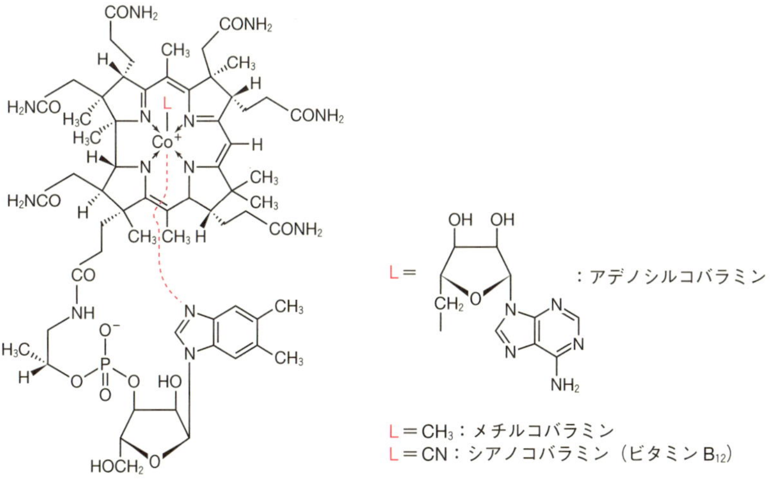

L＝　　　　　：アデノシルコバラミン

L＝CH_3：メチルコバラミン
L＝CN：シアノコバラミン（ビタミン B_{12}）

図 4・12　ビタミン B_{12}

ビタミン B₁ と鈴木梅太郎

ビタミンの発見はビタミン B₁ に始まる．脚気という病気は古く江戸時代からよく知られており，「江戸煩（えどわずらい）」とよばれ，神経障害や心機能の低下などをもたらし，重篤な場合には死に至るものとして恐れられていた．徳川幕府第 13 代将軍徳川家定および 14 代将軍徳川家茂は若くして脚気で命を落とし，皇女和宮や明治天皇も脚気を罹った．明治の中期には脚気による死者は増加し，脚気専門の病院もできた．特に軍人に死亡者が多発した．また，都会で多くの患者を出した．当時はさまざまな伝染病の病原菌が発見され，細菌学が脚光を浴びつつあったことも手伝って，脚気は脚気菌によってひき起こされる伝染病という考え方が主流であった．

海軍では長い航海に出るとその間に脚気による死者が続出した．1883 年に軍艦龍驤は 262 日の南米，ニュージーランド遠航から戻ったとき，乗組員 371 人のうち 169 人が脚気に罹り，そのうち 25 人が死亡するという被害を出した．海軍軍医総監高木兼寛は船上での食事に問題があると考え，白米を中心とした和食からパンと肉類を中心とした洋食に変えたところ，つぎの航海では脚気が激減したことから，脚気は栄養の問題であることが推測された．高木はさらにパンの代わりに麦飯にしたところ，さらに好結果が得られた．このようにして，3 年後には脚気は海軍から追放された．

ジャカルタの細菌病理学研究所に勤務していたオランダ人医師 C. エイクマンは，1897 年にニワトリの脚気が米糠によって治癒することを発表した．一方，鈴木梅太郎は東京帝国大学農科大学を卒業後，糖化学，タンパク質化学の権威であった E. フィッシャーのもとに留学し，帰国後は栄養学の研究に取組んでいた．1910 年，鈴木はハトを使って，脚気に対する有効成分を米糠から抽出することに成功し，イネの学名 *Oryza sativa* にちなんでオリザニン（最初はアベリ酸と命名，実は酸ではなかった）と命名した．しかし，前述のような細菌説が幅をきかせていたので，「脚気オリザニン欠乏説」はなかなか注目されなかった．同じころ，ポーランド人の C. フンクも米糠やビール酵母のアルコール抽出液から「鳥類白米病」に対する有効成分を分離し，ビタミンと名付けた．

以後，このビタミンが一般に用いられるようになった．1926 年，オランダの B. C. P. ヤンセンが初めて結晶化に成功し，1935 年，ドイツの A. ウィンダウスによって構造が決定され，1936 年，米国の R. R. ウィリアムスによって化学合成された．1929 年，ビタミンの発見に対して C. エイクマンと F. G. ホプキンスにノーベル医学生理賞が贈られた（巻末の付録 A を参照）．鈴木は初めてビタミン B₁ の抽出に成功していたにもかかわらず，残念ながらその成果は正当に評価されず，その後の成果はすべて外国の研究者に先を越されてしまった．

者は異性化，脱離，転位，還元などの反応で水素運搬体として，後者はメチル基の移動をともなう反応においてメチル基運搬体として機能している．

ビタミンCは，**アスコルビン酸**ともよばれ，壊血病の治療と予防に用いられている（図4・13）．生体内で還元剤として機能し，自身は酸化されてL-デヒドロアスコルビン酸となる．アスコルビン酸はビタミンのなかで最も多量に必要とされ（成人で50 mg/日），コラーゲン分子中のプロリンをヒドロキシプロリンに変換する反応を促進するほか，生体異物の代謝を促進する．

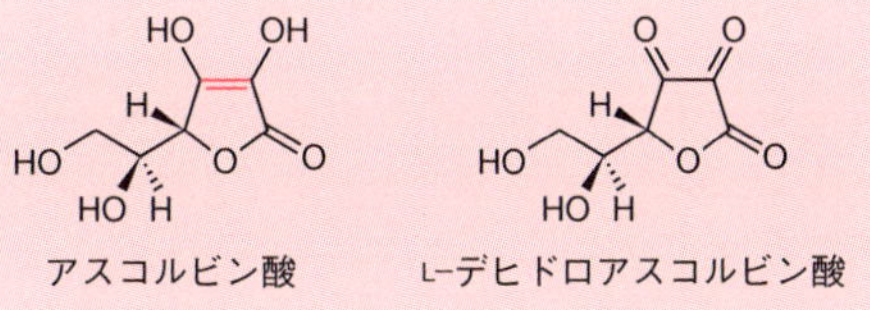

図4・13　ビタミンCとその酸化物

4・4　昆虫成長調節物質

昆虫は農業生産において，一方では生産物を食害する害虫として，他方ではカイコやミツバチなど有用昆虫として，ヒトと深くかかわってきた．昆虫の成長を調節する物質はおもに殺虫剤の開発や繭の増産という応用的観点から探索が進められてきた．

4・4・1　植物由来の脱皮ホルモン様物質および抗脱皮ホルモン物質

1965年に昆虫の脱皮ホルモンの構造が決定されると，すぐに植物成分のなかに脱皮ホルモン様の活性を有する化合物が検索された．その結果，1966年，台湾産のトガリバマキ *Podocarpus nakaii* Hay から**ポナステロンA**が単離，構造決定された（図4・14）．さらに，ヒナタイノコズチ *Achyranthes fauriei* から脱皮ホルモン様物質として**イノコステロン**が単離，構造決定された（図4・14）．いずれも植物ステロイドであり，構造的に脱皮ホルモンときわめてよく類似している．構造の違いは側鎖のヒドロキシ基の有無の違いだけである．ポナステロンAは昆虫本来の脱皮ホルモンより活性が強い．このような植物由来の脱皮ホルモン様物質を**フィトエクジソン**（phytoecdysone）とよぶ．ある種の植物は昆虫の脱皮ホルモンと同一化合物を生合成している．昆虫はステロイド骨格を自分で生合成できないので，食餌でステロイ

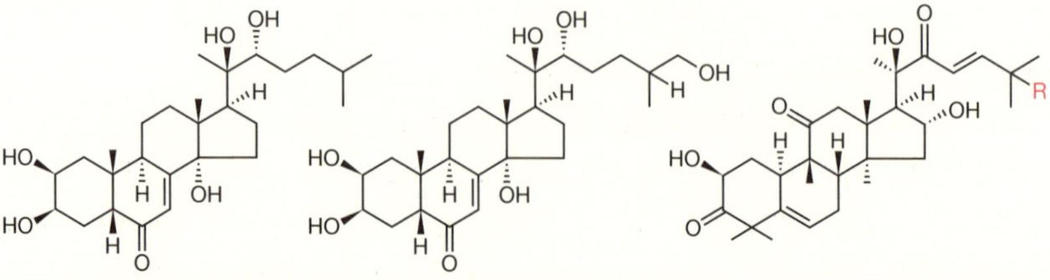

134   4. 機能から見た外因性生物活性物質

ポナステロンA   イノコステロン   ククルビタシンB（R=OCOCH₃）
                                           D（R=OH）

図 4・14 フィトエクジソンおよび抗脱皮ホルモン物質

ド化合物を摂る必要があるが，直接脱皮ホルモンを摂取するのではなく，ステロイ
ド化合物を摂取した後，コレステロールに変換し，必要な時期に前胸腺で脱皮ホル
モンを合成する．

　一方，抗脱皮ホルモン物質も見つかっている．抗脱皮ホルモン物質として，アブ
ラナ科の植物 *Iberis umbellata* から**ククルビタシンB**および**ククルビタシンD**が単
離，構造決定されている（図4・14）．

4・4・2　植物由来の幼若ホルモン様物質および抗幼若ホルモン物質

　植物成分に幼若ホルモン様物質が存在していることは偶然に発見された．チェコ
産のホシカメムシ *Pyrrhocoris apterus* を米国で飼育したところ，正常な変態をせず，
過剰脱皮して成虫になれないまま死んでしまった．その原因は飼育容器の中に敷い

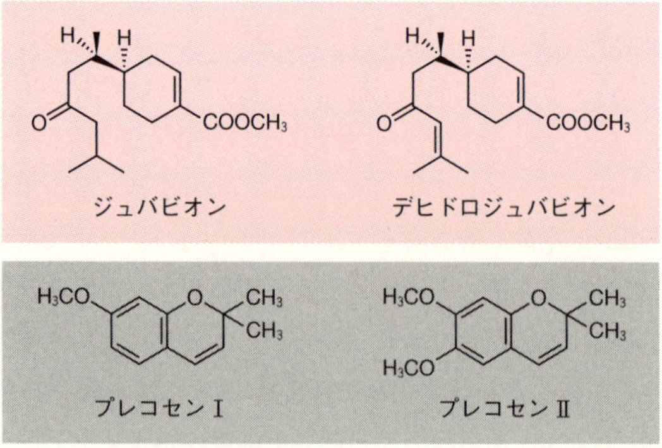

ジュバビオン   デヒドロジュバビオン

プレコセンI   プレコセンII

図 4・15 幼若ホルモン様物質（上）および抗幼若ホルモン物質（下）

ていたペーパータオルであることがわかり，ペーパータオルの原料であるカナダ産
のバルサムモミに含まれる物質であることが突き止められ，"ペーパーファクター"
と名付けられた．このペーパーファクターの本体はジュバビオンとデヒドロジュバ
ビオンであることがわかった（図4・15）．いずれもセスキテルペンで幼若ホルモン
自身と構造的に類似している．

　幼若ホルモンの拮抗物質が広くスクリーニングされた結果，アザミの一種
Ageratum houstnianum から2種類の化合物が単離され，プレコセンⅠおよびプレコ
センⅡと命名された（図4・15）．これらの化合物を塗布あるいは噴霧すると，幼若
ホルモンの産生器官であるアラタ体を摘出したのと同様に早熟変態（本来幼虫脱皮
するはずの個体が蛹脱皮する現象）が起こる．

4・4・3　天然殺虫性物質

　東南アジアで漁獲を目的に古くからマメ科植物である *Derris elliptica* の根が，ま
た中南米やアフリカでも同様にマメ科の植物の根が用いられてきた．その有効成分
は図4・16に示すロテノンとその類縁化合物であり，ロテノイド（rotenoids）と総
称されている．ロテノイドは魚毒活性のほか殺虫活性もあり，合成殺虫剤が登場す
るまで殺虫剤としても用いられていた．昆虫に対する毒性は，細胞内のミトコンド
リアの電子伝達系を阻害することによって発現する．

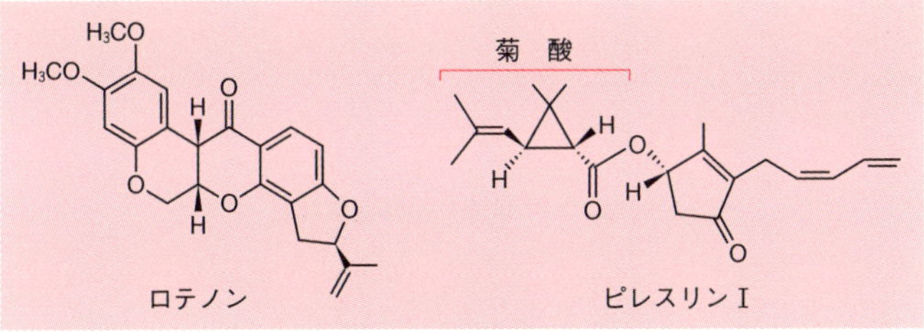

図 4・16　ロテノンおよびピレスリンⅠ

　シロバナムシヨケギク *Chrysanthemum cinerariaefolium* Trev. の花にはピレスリ
ンⅠ（図4・16）を主成分とする殺虫活性物質が含まれ，ピレスロイド（pyrethroids）
と総称される．シクロプロパン環を含むモノテルペンである菊酸とシクロペンテノ
ン骨格を有するアルコールがエステル結合した構造を有する．ピレスロイドは哺乳
動物には無害であるのに対して，昆虫には殺虫活性だけでなく強力な落下効果（ノッ

136   4. 機能から見た外因性生物活性物質

クダウン効果）を有することから，家庭用の殺虫剤として利用されている．

タバコ *Nicotiana tabacum* はニコチン（図2・49）を 0.1〜6.4 ％含んでいる．ニ
コチンは強い殺虫力を有しており，以前は農業用に天然の殺虫剤として，あるいは
家畜のダニの駆除剤として使われていた．ニコチンは昆虫の中枢神経シナプス後膜
のニコチン性アセチルコリン受容体に結合して，神経伝達を阻害する．

4・4・4 摂食阻害物質

植物と昆虫の関係は長い歴史のなかで培われてきた結果，現在の状態になったと
考えられる．植物に含まれる昆虫摂食阻害物質は多数知られているが，代表的なも
ののみについて述べる．図4・17の**アザディラクチン**はインドセンダン *Melia aza-
dirachta* の根の成分で強い摂食阻害活性を有し，またその複雑な化学構造は長い間
有機合成の標的になってきた．ツヅラフジ科のアミエビ *Cocculus trilobus* という植
物はある種の昆虫を除いてほとんどの昆虫による食害がないことから，ハスモンヨ
トウを供試昆虫として摂食阻害活性物質が精製された結果，図4・17の**イソボル
ディン**が活性本体であることがわかった．

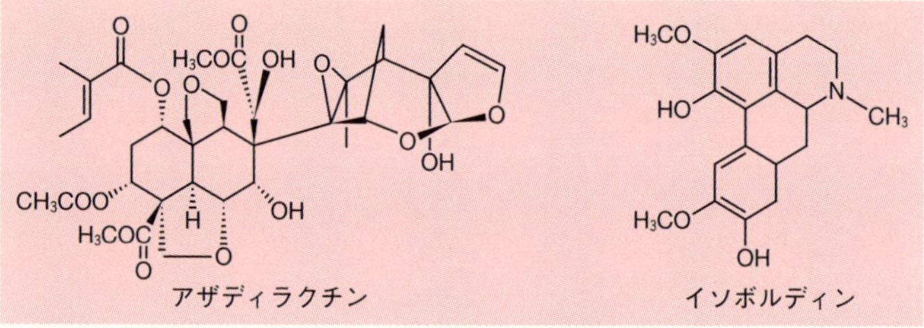

図 4・17　昆虫の摂食阻害物質

4・4・5 昆虫病原菌が生産する昆虫成長阻害物質

カイコの硬化病の原因となる，黒きょう病菌 *Metarrhizium anisopliae* が生産する
デストラキシン（destruxin）類は4種類のアミノ酸とオキシ酸によってつくられた
環状化合物（デプシペプチド）で，この病気の原因物質である．構成アミノ酸には
異常アミノ酸が含まれ，わずかな構造の違いによる多種類の化合物が明らかにされ
ている（図2・63）．同様に，白きょう病菌 *Beauveria bassiana* の生産する原因毒素
である**ボーベリシン**もやはりデプシペプチドである（図4・18）．すなわち，*N*-メ
チル-L-フェニルアラニンと D-2-ヒドロキシ-3-メチル酪酸が交互に3個ずつ結合

4・5 抗生物質

して環構造を形成している.

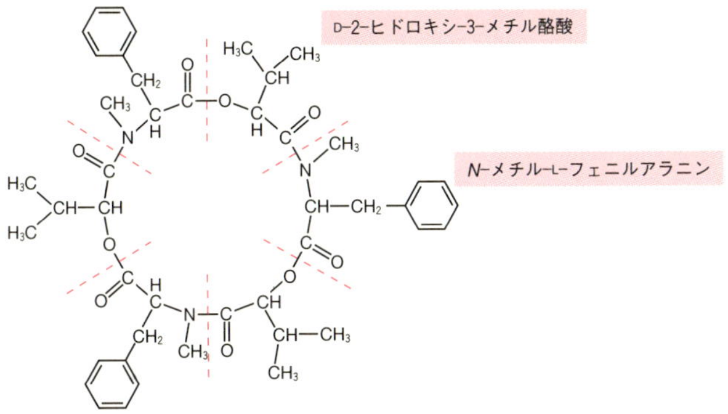

ボーベリシン

図 4・18 昆虫病原菌が生産する毒素

4・5 抗生物質

4・5・1 細胞壁合成阻害

a. β-ラクタム系抗生物質

1929年，イギリスのA.フレミングによってカビ *Penicillium chrysogenum* が生産する化合物として偶然に発見され，その後ペニシリンと命名された化合物は最初の抗生物質であり，β-ラクタムという特異な化学構造を有することから **β-ラクタム系抗生物質** （β-lactam antibiotics）とよばれている．**ペニシリン**は構造的に三つの部分からなり，二つのアミノ酸（L-システインと D-バリン）が4員環アミド（β-ラクタム）と5員環を形成し，L-システインのアミノ基にアシル基が結合している（図2・61参照）．β-ラクタム構造はそれまでに天然では見つかっていなかったために構造の確定に長い年月を要した.

セファロスポリンも β-ラクタム系抗生物質に分類され（図2・61参照），ペニシリンとは異なり，4員環と6員環を有する．いずれも細菌の細胞壁を構成するペプチドグリカン（図4・19）の生合成を阻害するが，ヒトを含む動物はこのような細胞壁をもたないことから高い選択性を有する.

β-ラクタム系抗生物質はペプチドグリカン生合成中間体のアシル-D-アラニル-D-アラニンと構造が類似していることから，これの転移を触媒する酵素（トランスペプチダーゼ）の活性中心のセリン残基のヒドロキシ基と反応して，β-ラクタム環

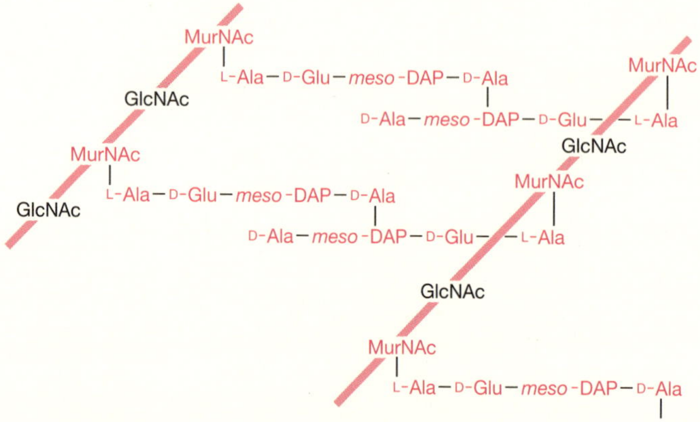

138   4. 機能から見た外因性生物活性物質

図 4·19 大腸菌のペプチドグリカンの構造 MurNAc（N-アセチルムラミン酸）と GlcNAc（N-アセチルグルコサミン）が交互に β-1,4 結合して基本鎖をつくり，その鎖の間をペプチドが架橋して巨大な網目構造を形成している．DAP はジアミノピメリン酸．MurNAc に結合したペンタペプチド（L–Ala–D–Glu–*meso*-DAP–D–Ala–D–Ala）の C 末端の D–Ala を遊離し，隣の鎖のペンタペプチドの *meso*–DAP と新たな結合を形成する反応を触媒するのがトランスペプチダーゼである．

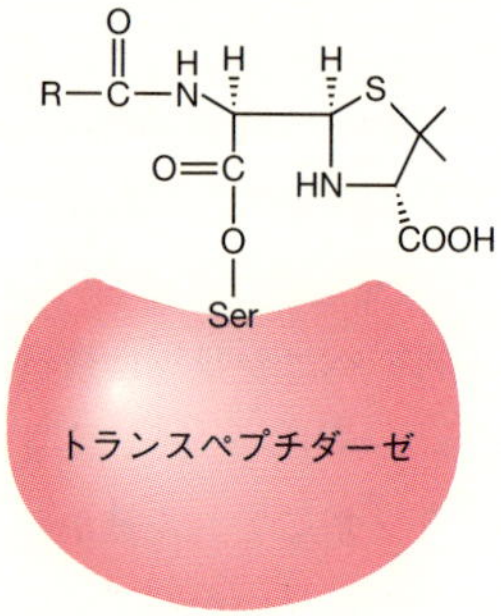

図 4·20 β-ラクタム系抗生物質の作用の仕組み

が開環し共有結合を形成し，転移反応を阻害する（図4·20）.

　β-ラクタム系抗生物質に対する耐性菌は，β-ラクタム環を加水分解して開環する酵素である β-ラクタマーゼをプラスミド上にコードしている．このプラスミドは同種の他の細菌に伝達される場合がある．これが耐性菌が蔓延する原因のひとつになっている．

b. バンコマイシン

　バンコマイシンは放線菌 *Streptomyces orientalis* の生産する糖ペプチド系抗生物質

4・5 抗 生 物 質　　　　　　139

であり（図 4・21），細菌の細胞壁の生合成中間体であるジペプチド（D-アラニル-D-アラニン）と水素結合することによってペプチドグリカンの生合成を阻害する．バンコマイシンはメチシリン（ペニシリンと構造の類似した合成 β-ラクタム系抗生物質のひとつ）耐性黄色ブドウ球菌（MRSA）や多剤耐性菌に対して最後の切り札と考えられていたが，最近バンコマイシン耐性菌が見つかっており，これに代わる新しい薬剤の開発が緊急の課題となっている．

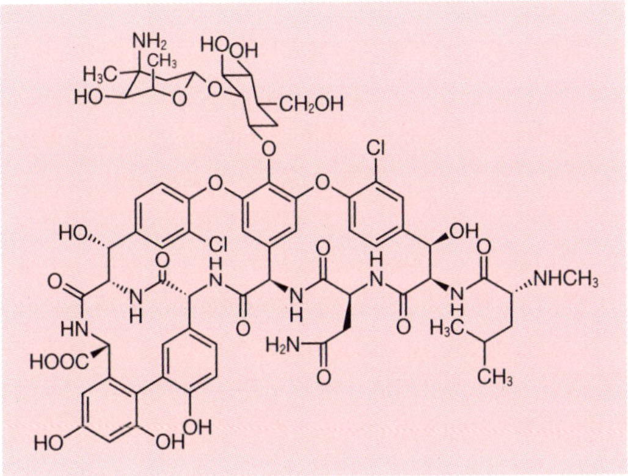

図 4・21　バンコマイシン

c. ポリオキシン

　真菌類の細胞壁はキチンを含む多糖類でできている．放線菌 *Streptomyces cacaoi* が生産する**ポリオキシン**（polyoxin）類はキチン合成酵素を阻害する．ポリオキシンは A（図 4・22）から M まで 11 種類の化合物からなる．キチンの合成はウリジ

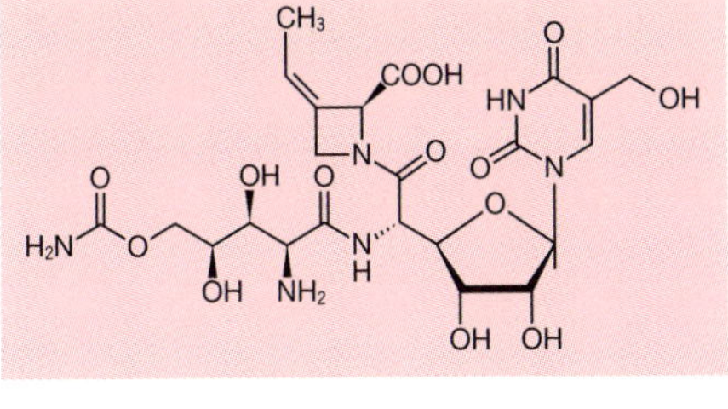

図 4・22　ポリオキシン類のひとつであるポリオキシン A の構造

日本におけるペニシリン研究

1929 年，イギリスの A. フレミングによって発見されたペニシリンは，その後 10 年間注目されることはなかったが，1939 年同じくイギリスの H. W. フローリーと E. B. チェインによって再確認され，その研究が再開された. 1941 年にはペニシリンの人体実験が行われ，顕著な効果が認められるまでになった. その後米国で生産菌の改良や大量培養法の検討がなされ，1943 年には米英のペニシリンの生産量は飛躍的に上昇した.

第二次世界大戦中であったために，日本は西欧からの情報は閉ざされており，同盟国であったドイツからわずかな情報がもたらされるのみであった. 1943 年 11 月に，M. キーゼ博士の総説「カビ，細菌より得られた抗菌性物質による化学療法について」がドイツから届き，陸軍大臣は陸軍軍医学校に「ペニシリン類化学療法剤の研究」を命じた. 直ちに，陸軍軍医少佐稲垣克彦を委員長とする「ペニシリン委員会」が組織され，1944 年 2 月 1 日に第 1 回委員会が開催された. 委員には，医，薬，農，理分野の大学や研究所の専門家 15 名が名を連ねた. 柴田桂太，坂口謹一郎，田宮猛雄，奥貫一夫をはじめ，後に日本の抗生物質研究の中心になった梅沢浜夫，藪田貞治郎，住木諭介，梅沢純夫らも委員として参加した.

日本で独自に生産菌を探索することから研究は開始し，同年 3 月 23 日には黄色ブドウ球菌に対して抗菌力を有する生産菌が見つかった. 5 月には 100 倍希釈以上で有効な株が 5 株得られ，それは黄色ブドウ球菌だけでなく，炭疽菌，肺炎菌，チフス菌にも有効であることがわかった. さらに，9 月には 200 倍希釈以上，その抽出物においては 40 万倍希釈以上で効果を示した. 10 月には，ヒトに対する臨床試験も行われ，確かな効果を示した. このときペニシリン委員会は「碧素委員会」に改められた.「碧」は「青」の意で，「碧素」は「青カビが生産する物質，すなわちペニシリン」ということになる. 不純物の問題や化学構造の解明など多くの課題が残されていたが，大量生産に移すことになった. 当時，物資がすべて不足する状態であったためタンク培養は不可能であった. 種々検討の結果，森永食糧工業の三島工場で試験生産が始められた. また，少し遅れて万有製薬でも生産を開始した. 1 日，1 万倍希釈のものを 2, 3 リットル生産するまでになり，終戦まで生産量は増加したが，戦争で傷ついた兵士の治療に使われるまでの量を確保するには至らなかった. 終戦とともに碧素委員会は消滅した. わずか 2 年足らずの活動であったが，この経験は戦後の日本の抗生物質産業の礎となった.

ン二リン酸-*N*-アセチルグルコサミン（UDP-GlcNAc）を基質としてキチン合成酵素により，重合させることによって成し遂げられる．ポリオキシンは UDP-GlcNAc と競争して酵素活性を阻害する．

4・5・2　細胞膜機能阻害

a. イオノホア抗生物質

　内部に金属イオンを配位するように環状の構造をとり，分子の外側が脂溶性になる化合物を**イオノホア抗生物質**（ionophore antibiotics）という．この金属イオン-イオノホア複合体が細胞膜を拡散して通り抜けたり，細胞膜に埋まり孔（通路）を形成することにより，イオンを選択的に透過させるため，細胞内外のイオン濃度がかく乱されて細菌を死に至らせる．環状構造の大きさによって，イオンの選択性が現れる．

　1価のイオンに選択性のある**モネンシン**はポリエーテル化合物の代表であり（図 2・17），放線菌 *Streptomyces cinnamonennsis* によって生産される．モネンシンはニワトリの腸管に寄生する原虫エイメリアによるコクシジウム病の予防に用いられている．*Streptomyces falvissimus* により生産される**バリノマイシン**はアミノ酸とオキシ酸からなる環状化合物で，カルボニル酸素が金属イオンとの配位結合にかかわっている（図 4・23）．すなわち，L-バリン，D-2-ヒドロキシイソバレリアン酸，D-バリン，L-乳酸をひとつの単位として，これが3個つながり環を構成している．

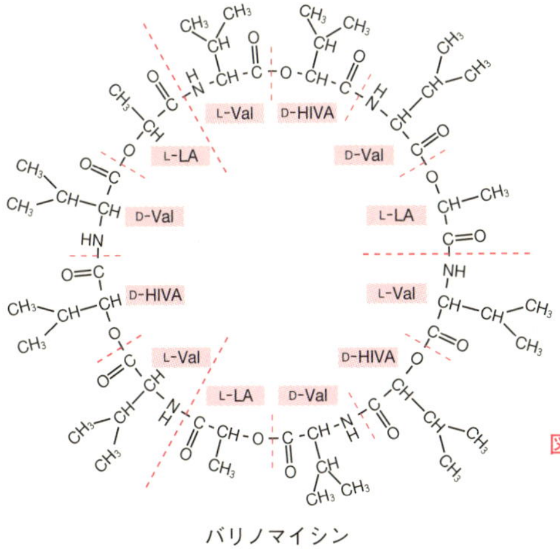

バリノマイシン

図 4・23　**イオノホア抗生物質**
D-HIVA は D-2-ヒドロキシイソ
バレリアン酸，L-LA は L-乳酸

b. ポリエンマクロライド抗生物質

　放線菌 *Streptomyces nodosus* によって生産される**アンホテリシン B** は長い共役二重結合を有する大環状ラクトン構造をもつことから（図2・17），**ポリエンマクロライド抗生物質**（polyene macrolide antibiotics）とよばれる．真菌や動物細胞の膜には作用するが，細菌の細胞膜には作用しない．この環状構造のうち，共役二重結合部分は疎水性が高く，反対側にある七つのヒドロキシ基は親水性が高い．この分子は細胞膜内のコレステロールと複合体を形成し，八量体をつくることにより，内側に約 4 Å の孔をつくる．この孔から細胞内の無機イオンやアミノ酸を流出させ細胞を死に至らせることから，真菌症の治療に用いられるが，副作用も強い．

4・5・3　DNA，RNA 機能阻害
a. アクチノマイシン D

　アクチノマイシン D は放線菌 *Streptomyces parvulus* や *St. antibioticus* によって生産される赤色の抗生物質である（図4・24）．中央の平面構造を有する発色団部分の二つのカルボキシ基と同じ構造を有するデプシペプチドにおけるトレオニンのアミノ基との間でアミド結合している．この発色団部分が二本鎖 DNA の GC 塩基対の平面の間に特異的に入り込む（インターカレーションという）ことによって，RNA ポリメラーゼの作用を阻害する．このような化合物をインターカレーターという．アクチノマイシン D はある種の腫瘍に対する治療薬としても用いられているが，副作用も強い．

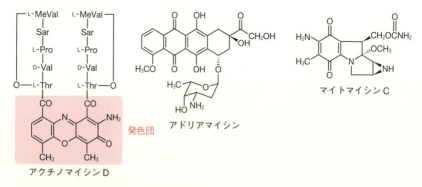

図 4・24　**DNA・RNA の機能を阻害する物質（Ⅰ）**　Sar はサルコシン（*N*-メチルグリシン）

b. アドリアマイシン

アドリアマイシンは放線菌 *Streptomyces peucetius* が生産する抗生物質で（図4・24），その構造からアントラサイクリン系抗生物質に属する．アクチノマイシン D と同様に発色団部分でインターカレーションによって DNA と結合するほか，アミノ糖部分が DNA のリン酸基との間でイオン結合を形成することによって DNA 依存性 RNA ポリメラーゼの働きを阻害することから，抗がん作用を示す．

c. マイトマイシン C

マイトマイシン C は放線菌 *Streptomyces caespitosus* が生産する抗腫瘍剤であるが（図4・24），そのままでは活性がなく，生体内で還元されて活性型に変換され，二本鎖 DNA のグアニンをアルキル化して二本鎖間を架橋する．この際には側鎖のウレタン部分と3員環のアジリジン部分がアルキル化にかかわる．この反応によって，DNA の複製が阻害される．

d. ブレオマイシン

ブレオマイシン A_2 は 1962 年，梅澤浜夫らによって見いだされた糖ペプチドである（図4・25）．悪性リンパ腫，偏平上皮がん，皮膚がんや精巣がんなどの治療に用いられている抗腫瘍剤であり，放線菌 *Streptomyces verticillus* が生産する．ブレオマイシンは本来2価銅の錯体として生合成され，青色粉末として単離されたが，DNA および2価鉄と錯体を形成し，鉄が分子状酸素を活性化することによって DNA を切断し，1本鎖 DNA にするという特異な作用を有する．ビチアゾール基部分は平面構造をとり，DNA とインターカレーションすることによって切断反応を助ける．

e. ネオカルチノスタチン

1965 年，石田名香雄らは放線菌 *Streptomyces carzinostaticus* が生産する分子量 10,700 の酸性タンパク質であるネオカルチノスタチンに抗がん活性があることを発見した（図4・25）．抗がん性はタンパク質部分（113 アミノ酸残基）にあるのではなく，そのタンパク質部分に結合した分子量 659 の発色団部分にある．タンパク質部分は発色団を安定化しており，特異な9員環は二つの三重結合と一つの二重結合およびエポキシドを含み，この環状構造の強いひずみが DNA の切断反応に関与している．膀胱がん，肝臓がんや急性白血病の治療薬として使用される．

f. アフラトキシン

1960 年，英国で大発生した七面鳥の大量死（"Turkey-X" 病）の原因物質として発見されたアフラトキシンは糸状菌 *Aspergillus flavus* によって生産される（図2・17），天然の有機化合物のなかで最も強力な発がん物質である．現在でも，アフラト

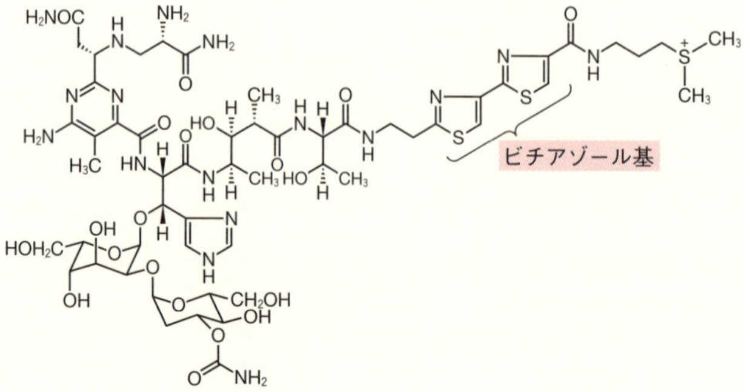

144 　 4. 機能から見た外因性生物活性物質

ビチアゾール基

ブレオマイシン A$_2$

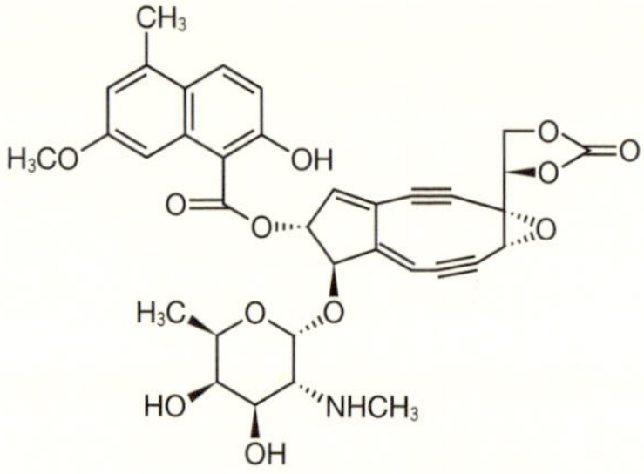

ネオカルチノスタチンの発色団部分

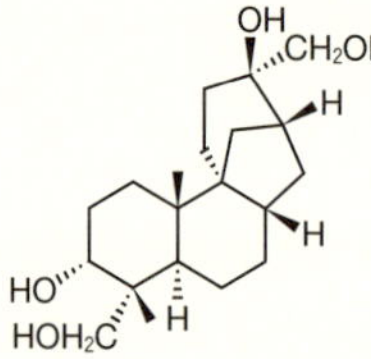

アフィディコリン

図 4・25　DNA・RNA の機能を阻害する物質 (Ⅱ)

キシンは熱帯や亜熱帯地域の農作物を汚染しており，肝臓がんによって多くのヒト
が死亡していることから，問題となっている．アフラトキシンはポリケチド化合物
であり，特徴的なフロフラン環構造を有し，末端のフラン環が二重結合を有するア
フラトキシン B$_1$ が最も毒性が強い．フラン環の二重結合が酸化されて，エポキシド
に変換され，それが DNA のグアニン塩基と結合することによって RNA 合成を阻害
する．

g. アフィディコリン

糸状菌 *Cephalosporium aphidicola* によって生産される**アフィディコリン**は 4 環性
のジテルペンで（図 4・25），動物細胞の核に存在する DNA ポリメラーゼ α を選択
的に阻害する．アフィディコリンはヘルペスウイルスの増殖を阻害するほか，レタ
スの根の伸長を阻害する．

4・5・4 タンパク質合成阻害

タンパク質の生合成は開始，伸長，終了の3段階からなる．真核生物と原核生物のタンパク質合成系には大きな違いがあり，合成の場であるリボソームの構造に違いがあるため，これが選択性を生む要素となっている．真核生物では40Sおよび60Sの沈降定数をもつ二つのサブユニットからなるのに対して，原核生物では30Sおよび50Sからなる．Sはスベドベリ定数で分子の沈殿速度の単位を表す．一般に数字が大きいほど，分子が大きいことを示す．

a. ヌクレオシド系抗生物質

放線菌 *Streptomyces alboniger* によってつくられる**ピューロマイシン**は三つの部分からなり，*N, N*–ジメチルアデニンと3–アミノ–3–デオキシ–D–リボースと L–*O*–メチルチロシンの縮合産物である（図4・26）．この構造から，**ヌクレオシド系抗生物質**（nucleoside antibiotics）に分類されている．ピューロマイシンはリボソーム上で伸長しているペプチド鎖と結合して伸長反応を停止する作用を有する（図4・27）．

ブラストサイジンSは *Streptomyces griseochromogenes* によって生産される抗生物質で，シトシンに結合したアミノ糖に *N*–メチル–β–アルギニンがペプチド結合した化合物である（図4・26）．リボソームに結合してタンパク質合成におけるペプチド鎖の伸長を阻害する．イネのいもち病の防除に農業用抗生物質として初めて実用化された．いもち病菌の発芽および胞子形成を阻害する．

b. アミノグリコシド系抗生物質

ストレプトマイシン，カナマイシンなどはアミノ糖を含むことから**アミノグリコ**

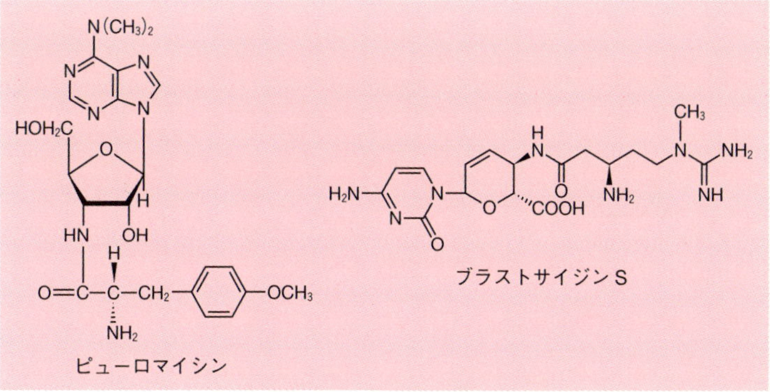

図 4・26　ヌクレオシド系抗生物質

シド系抗生物質（aminoglycoside antibiotics）とよばれる（図 4・28）．これらはリボソームの 30S および 50S のいずれのサブユニットにも結合し，タンパク質合成の

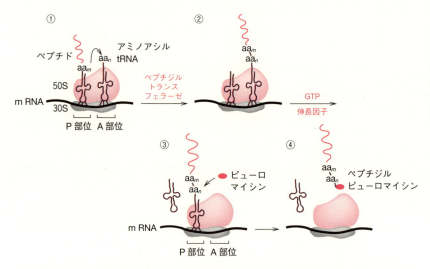

図 4・27　タンパク質合成におけるピューロマイシンの作用機構　① リボソームで m 番目のアミノ酸まで合成したペプチド鎖を有する tRNA は P（ペプチジル）部位にあり，つぎの n 番目のアミノ酸を結合したアミノアシル tRNA は A（アミノアシル）部位のコドンを認識して入る．② ペプチジルトランスフェラーゼの作用により，n 番目のアミノ酸（aa_n）に m 番目までのペプチドが転移する．③ GTP と複合体を形成した伸長因子により A 部位のペプチジル tRNA は P 部位に転移する．④ ピューロマイシンはペプチジル tRNA を攻撃し，ペプチジルピューロマイシンとなることによってタンパク質合成を停止させる．

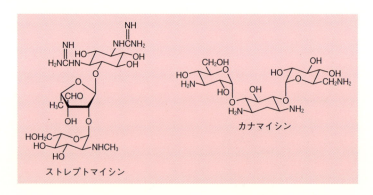

図 4・28　アミノグリコシド系抗生物質

開始を阻害する．S. A. ワックスマンは 1944 年に放線菌 *Streptomyces griseus* が生産する**ストレプトマイシン**を発見し，その他の抗生物質の発見に関する功績も合わせて 1952 年ノーベル医学生理学賞を受賞した（巻末の付録 A を参照）．ストレプトマイシンは結核の治療薬として有効であったが，難聴をひき起こすなどの副作用が問題となり，それに代わって**カナマイシン**などが使われている．

c. マクロライド系抗生物質

マクロライド系抗生物質（macrolide antibiotics）は 12，14，16 員環の中環状のラクトン構造を有し，糖が結合した配糖体として放線菌が生産する一群の化合物である．これらは 50S サブユニットの 23S rRNA に結合し，ペプチドの転移反応を阻害する（図 4・27 の ① から ② への反応）．14 員環構造を有する**エリスロマイシン A**（図 2・17 参照）は，*Streptomyces erythreus* によって生産され，副作用の少ない抗生物質として使われている．

d. テトラサイクリン系抗生物質

放線菌 *Streptomyces aureofaciens* によって生産される．クロルテトラサイクリン（図 2・15 参照）はポリケチド生合成経路によってつくられる特徴的な 4 環性の化合物であることから**テトラサイクリン系抗生物質**（tetracycline antibiotics）とよばれている．テトラサイクリン系抗生物質は 30S サブユニットに結合し，アミノアシル tRNA がリボソーム上の結合部位（A 部位，図 4・27 参照）に結合するのを阻害する．また，家畜の成長促進作用があることから，飼料添加剤としても使用されていたが，抗生物質の乱用を防ぐため使用が制限されてきている．さらに，農業用殺菌剤としても使用されている．

e. クロラムフェニコール

放線菌 *Streptomyces venezuelae* によって生産される図 4・29 の**クロラムフェニコール**は，リボソーム 50S サブユニットに 1：1 で結合してペプチドの転移反応（図 4・27 の ① から ② への反応）を阻害する．グラム陽性菌，グラム陰性菌，クラミジア，リケッチアなどに有効で抗菌スペクトルは広いが，緑膿菌や結核菌には無効である．

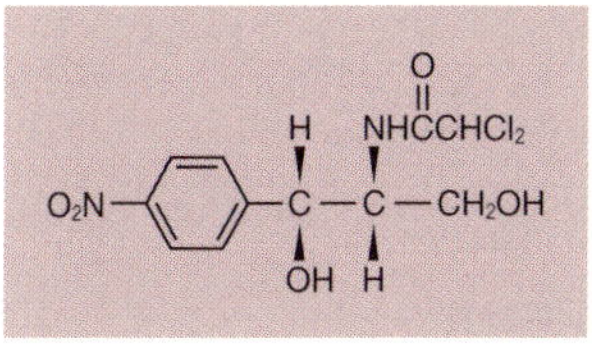

図 4・29　クロラムフェニコール

4・6 細胞機能調節物質

4・6・1 免疫調節物質

　重要な臓器の慢性疾患による機能不全に対して欧米を中心に臓器移植が治療法のひとつに採用されている．臓器移植は拒絶反応を克服しなければならず，免疫系の抑制が鍵となる．**シクロスポリンA**（図4・30）は**免疫抑制剤**（immunosuppressive agent）として初めて実用化されたが，副作用が強いのが欠点である．シクロスポリンAは当初 *Tolypocladium inflatum* の生産する抗真菌抗生物質として単離された環状ペプチドである．

　T細胞によるインターロイキン2の産生を抑制する化合物がスクリーニングされた結果，放線菌 *Streptomyces tsukubaensis* が抑制物質を生産することがわかった．この化合物は精製，単離され，**タクロリムス**（**FK506**）と命名された．FK506は大環

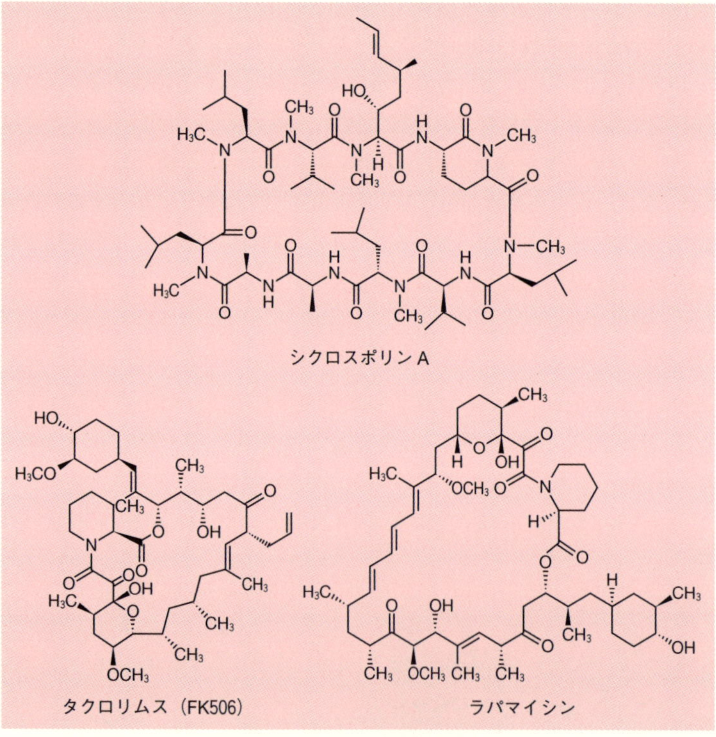

図 4・30　免疫調節物質

状ラクトン構造を有する（図4・30）．FK506はそれまで免疫抑制剤として使われていたシクロスポリンより副作用が少なく，活性も約100倍強いことから免疫抑制剤として用いられている（5・3節参照）．また，アトピー性皮膚炎の治療などにも用いられている．

図4・30に示す**ラパマイシン**は放線菌 *Streptomyces hygroscopicus* の生産する抗真菌抗生物質として発見されたが，タクロリムスとの構造類似性からFKBP（5・3節参照）と結合することがわかった．しかし，その複合体はカルシニューリンではなく，セリン-トレオニンキナーゼの一種であるTOR（target of rapamycin）と相互作用し，インターロイキン2受容体からのシグナル伝達を阻害する．

4・6・2　細胞周期制御物質

トリコスタチンAは，放線菌 *Streptomyces hygroscopicus* から抗真菌抗生物質として単離・構造決定された（図4・31）．その後，この化合物は哺乳類のヒストン脱アセチル化酵素を選択的に阻害することがわかった．細胞の核内において，DNAはヒストン（塩基性タンパク質）が結合することによってクロマチン構造を形成しているが，ヒストンのアセチル化はエピジェネティックな遺伝子の発現制御に関与している．ヒストン脱アセチル化酵素はリシン残基の N-アセチル基を切断することによってヌクレオソーム構造を凝縮させ，遺伝子発現を抑制する．トリコスタチンAがヒストン脱アセチル化酵素を阻害すると，ヒストンは高アセチル化状態になり，細胞周期停止，細胞分化誘導，抗腫瘍作用やアポトーシス誘導などをひき起こす．

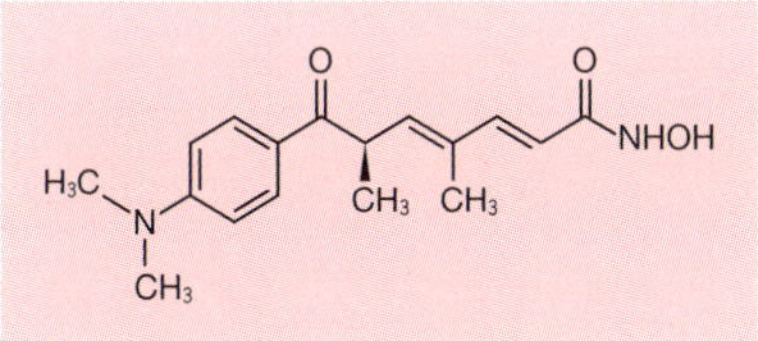

図4・31　トリコスタチンA

4・7　酵素阻害物質（enzyme inhibitors）

DNAポリメラーゼ α の阻害剤であるアフィディコリン，トランスペプチダーゼ阻害剤であるペニシリン，キチン合成阻害剤であるポリオキシン，ヒストンデアセチラーゼ阻害剤であるトリコスタチンAについてはすでに述べた．以下に，それ以

外の主要な酵素阻害物質について説明する．

a. セルレニン

アナモルフ菌（不完全菌）*Cephalosporium caerulens* によって生産される**セルレニン**は酵母，糸状菌および一部の細菌に対して抗菌活性を示す（図 4・32）．セルレニンは 2 種類の酵素を阻害する（図 4・32）．ひとつは，脂肪酸の生合成（図 2・2）において重要な β-ケトアシル ACP 合成酵素の阻害であり，このことにより微生物のポリケチド合成も阻害する．もうひとつ，メバロン酸経路の酵素である HMG-CoA 合成酵素（図 2・21 参照）の阻害である．したがって，セルレニンは脂肪酸およびイソプレノイドの両方の生合成を阻害する．

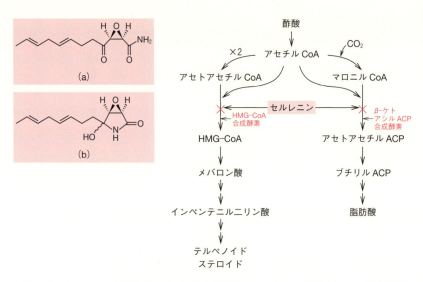

図 4・32　セルレニンの構造（a：非プロトン溶媒中，b：プロトン溶媒中）および阻害部位

b. コンパクチン

コレステロール（図 2・37）は肝臓で合成され，細胞膜の重要な構成成分となるばかりでなく，さまざまなステロイドホルモン生合成の出発物質にもなる．血中のコレステロール濃度が高くなると動脈硬化をひき起こし，心筋梗塞など致命的な疾患に陥る可能性がある．**コンパクチン**（ML-236B）はアオカビの一種 *Penicillium brevicompactum* の培養ろ液から得られたコレステロール生合成の阻害物質であり（図 4・33），HMG-CoA 還元酵素（図 2・21 参照）を選択的に阻害する．これは，

4・7 酵素阻害物質 151

コンパクチンのラクトン部分がメバロノラクトン（メバロン酸のラクトン形）（下図）に構造的に類似しているために酵素と結合して阻害すると考えられている．現

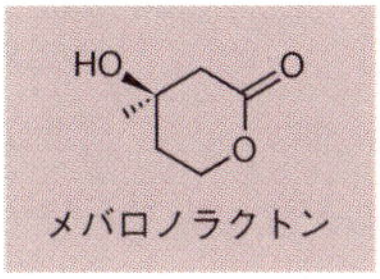

メバロノラクトン

在では，図 4・33 に示すさらに活性の強い**プラバスタチン**や**ロバスタチン**が高脂血症治療薬として用いられている．

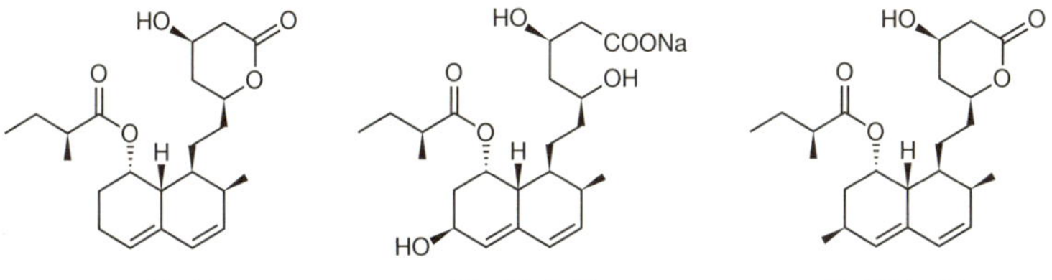

コンパクチン
（ML-236B）

プラバスタチン
（ナトリウム塩）

ロバスタチン

図 4・33　コンパクチンおよびその類縁化合物の構造

c. アロサミジン

放線菌 *Streptomyces sp.* によって生産される**アロサミジン**はキチンを分解するキチナーゼを阻害する化合物であり，擬似三糖構造を有する（図 4・34）．アロサミジンはキチナーゼの基質であるキチン（N-アセチルグルコサミンのポリマー）と競争的にキチナーゼに結合して酵素活性を阻害する．昆虫の外骨格（殻）を構成するクチクラがキチンを主体としていることから，アロサミジンは昆虫の脱皮阻害を指標

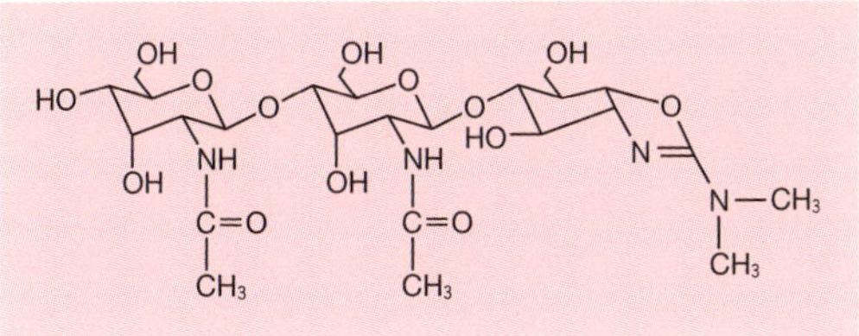

図 4・34　アロサミジン

としたスクリーニングにより発見された．

d. ツニカマイシン

　糖タンパク質における糖鎖の機能の重要性が最近次第に明らかになってきている．糖タンパク質糖鎖のうち，アスパラギン残基に結合する糖鎖（N 結合型糖鎖）の生合成が明らかにされている（図 4・35）．放線菌 *Streptomyces lysosuperficus* が生産する**ツニカマイシン**は，もともと抗生物質として単離されたが，その作用を解析した結果，N 結合型糖鎖の糖鎖部分の生合成過程でドリコールリン酸とウリジン二リン酸-N-アセチルグルコサミン（UDP-GlcNAc）が結合して UMP を遊離する反応を触媒する酵素を阻害することがわかった．ツニカマイシンの構造はドリコール

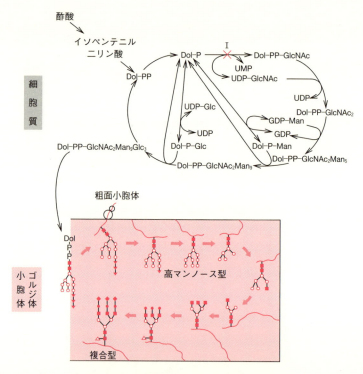

図 4・35　糖タンパク質の N 結合型糖鎖の生合成　細胞質においてドリコール二リン酸（Dol-PP）（図 4・36 参照）に糖鎖を結合した化合物をつくり，粗面小胞体で翻訳された保存配列 Asn-X-Ser (Thr) の Asn に糖鎖部分を転移する．■: GlcNAc；N-アセチルグルコミサン，○: Man；マンノース，▲: Glc；グルコース，●: Gal；ガラクトース，◆: NeuAc；N-アセチルノイラミン酸（シアル酸），△: Fuc；フコース．ツニカマイシンは Dol-P に UDP-GlcNAc に結合させる反応 (I) を阻害する．

4・7 酵素阻害物質

リン酸と UDP-GlcNAc の反応中間体とよく類似していることから（図4・36），この酵素を競争的に阻害することによって，糖鎖合成の初期段階を阻害する．ツニカマイシンは N 結合型糖鎖の合成阻害試薬として広く用いられている．

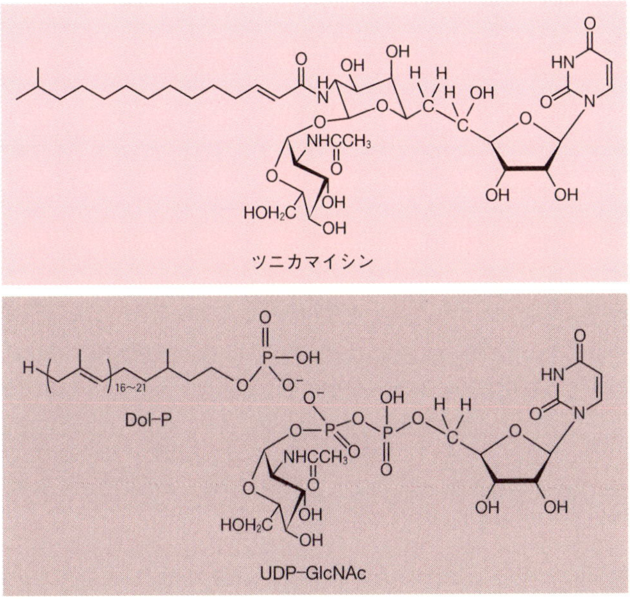

図 4・36 ツニカマイシンとドリコールリン酸（Dol-P）-UDP-GlcNAc の構造の類似性

e. オカダ酸

クロイソカイメン *Halichondria okadai* から抗がん活性を指標に単離，構造決定された**オカダ酸**はタンパク質脱リン酸化 2A 型酵素を強く阻害する（図4・37）．タンパク質のリン酸化・脱リン酸化反応は細胞内シグナル伝達において重要な反応であ

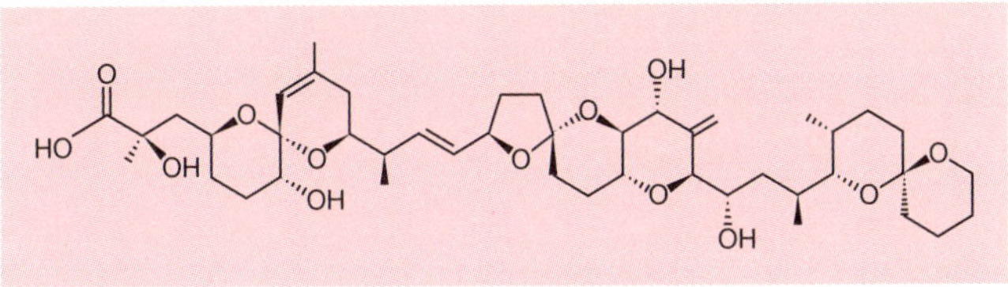

図 4・37 オカダ酸

154 4. 機能から見た外因性生物活性物質

ることから，脱リン酸化阻害は細胞機能に重大な影響を与える．強い毒性のために
抗がん剤としての開発へはつながらなかった．オカダ酸は七つのエーテル環を含む
化合物で，ポリケチド生合成経路でつくられると考えられている．この化合物は下
痢性の貝毒の主要な原因物質とされている．

4・8 生　物　毒

生物がつくる毒にはさまざまなものがあり，毒を生産する生物にとって防御物質
の役割を果たすもの，摂餌のための道具に使っているもの，自身の体内で生産する
のではなく食物連鎖によって蓄積され毒として利用しているものなどがある．食用
になる生物では食中毒につながるなど，われわれの生活にも身近な毒がたくさん存
在している．毒と薬の違いは紙一重であり，毒性を示す濃度と薬効を示す濃度が異
なる場合には，毒といえども薬として用いられることもある．また，毒の作用点や
作用機構の研究から薬が生み出された例もあるし，薬理実験に便利な生化学試薬と
して利用されている化合物もある．さまざまな毒の強さの比較を表4・1に示す．

表4・1　主要な毒の毒性の強さの比較

毒の名称	分子量	含有生物	LD$_{50}$*
ボツリヌス毒素	900,000	ボツリヌス菌	0.00003
マイトトキシン	3400	サザナミハギなど(起源は *Ganbierdiscus toxicus*)	0.17
シガトキシン	1112	ドクウツボ(起源は *Ganbierdiscus toxicus*)	0.45
パリトキシン	2677	イワスナギンチャク	0.6
サキシトキシン	299	二枚貝（起源は渦鞭毛藻）	10
テトロドトキシン	319	フグ，カリフォルニアイモリ(起源は細菌)	10
α-コノトキシン GI	1436	イモガイ	12
α-アマニチン	918	タマゴテングダケ	100
エラブトキシン	6750	エラブウミヘビ	150
アコニチン	646	トリカブト	330
ストリキニーネ	334	植物	500
シアン化ナトリウム	49	（化学試薬）	10,000

＊　マウス腹腔内投与による半数致死量（μg/kg）

4・8・1　高等植物の毒

トリカブト *Aconitum carmichaeli* の毒である**アコニチン**は矢毒として，また一方
では生薬として用いられてきた．アコニチンはジテルペン骨格からなるが，窒素原
子を含むためアルカロイドに分類されている（図2・52）．ヒトに対する致死量は
2～5 mg である．中毒症状は，皮膚に灼熱感を覚え，嘔吐，歩行不安を生じ，呼吸

困難から心臓麻痺または呼吸中枢麻痺によって死に至る．

ナス科の植物であるダツラ *Datura stramonium*，ベラドンナ *Atropa belladonna*，ヒヨス *Hyoscyamus niger* やハシリドコロ *Scopolia japonica* は**トロパンアルカロイド**(toropane alkaloids) を含む．米国南西部の牧畜地帯でウシやウマがダツラによる中毒を起こしたことがある．中毒症状としては，視力減退，体温上昇，心拍促進，けいれん，昏睡などを経て死に至る．その原因物質は**L-ヒヨスチアミン**とそのラセミ体である**アトロピン**である（図 4・38）．アトロピンは強力な副交感神経抑制作用を有し，抗コリン薬として利用される．一方，副作用として瞳孔を散大させるので，散瞳薬としても用いられてきた．植物ベラドンナは中世イタリアの暗黒社会で暗殺のための毒薬として用いられた．1805 年，わが国で最初に全身麻酔による外科手術を行った華岡青洲は麻酔薬として「通仙散」を用いたが，これにはマンダラ（ダツラ）の葉が含まれており，アトロピンの大量投与による中枢神経抑制作用によるものと考えられる．

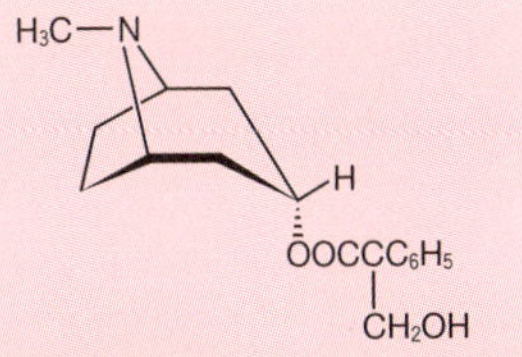

L-ヒヨスチアミン
DL-ヒヨスチアミン（アトロピン）

図 4・38　トロパンアルカロイド

ソルガムは家畜飼料として重要な作物であるが，その葉には**ドウリン**とよばれる**青酸配糖体**を含んでおり（図 4・39），その含量は生長とともに減少する．青酸配糖体自身には毒性はないが，腸内細菌の作用により，グルコースが加水分解されて遊

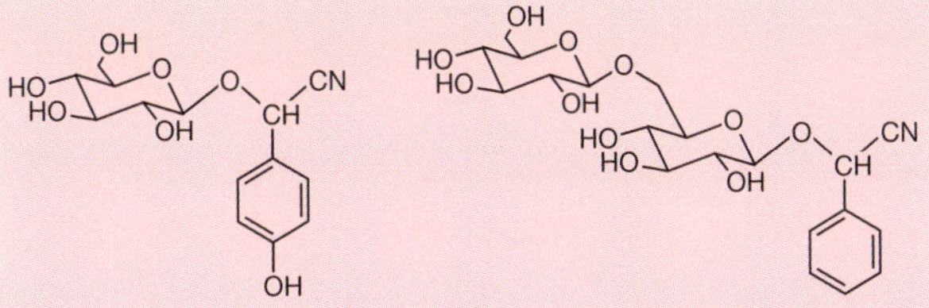

ドウリン　　アミグダリン

図 4・39　青酸配糖体

離型となり，さらに分解されて青酸（シアン化水素 HCN の水溶液）を発生する．青酸配糖体はウメ，アンズ，アーモンドなどの未熟な果実に多く含まれている．青酸は呼吸酵素の活性を阻害し，細胞に酸素欠乏をもたらす．脳や心筋が特に敏感に反応するため，致死性の猛毒である．青酸配糖体の毒性発現は緩慢であるが，その理由は生体内での分解反応を経るためである．アンズの種子である杏仁は鎮咳薬として用いられてきたが，有効成分は図 4・39 の**アミグダリン**とよばれる青酸配糖体である．

ジギタリス *Digitalis purpurea* という植物の葉の浸出液は毒性が強く，過剰投与すると下痢や嘔吐をひき起こすが，少量の投与によって強心作用を示す．有効成分は**ジギトキシン**とよばれるステロイド配糖体であり，アグリコン（非糖質部分）はジギトキシゲニンとよばれる（図 4・40）．

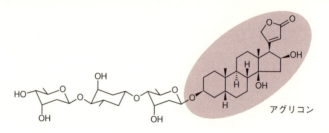

図 4・40　ジギトキシン

4・8・2　キノコの毒

食用キノコと毒キノコを間違えて中毒を起こす事例が絶えない．イボテングダケ *Amanita muscaria* には別名ハエトリタケの名があり，殺ハエ成分として**イボテン酸**が同定されている（図 4・41）．また，副交感神経を興奮させる**ムスカリン**も含まれている（図 4・41）．ムスカリンは中枢神経系のアセチルコリン受容体に作用して縮瞳，発汗，呼吸急迫をひき起こすだけでなく，錯乱や幻覚を生じ，多量に服用すると死に至ることもある．

タマゴテングタケ *Amanita phalloides* はシメジに類似していることから誤食し，中毒を起こすことが多い．中毒症状は激しい嘔吐，下痢，腹痛を伴い，重篤な場合は死に至る．有毒成分は α-**アマニチン**（図 4・42）および**ファロイジン**（図 2・64）という，いずれも環状ペプチドである．α-アマニチンはファロイジンの 10～20 倍毒性が強い．環構造が 1 箇所でも切断されると，毒性は消失する．

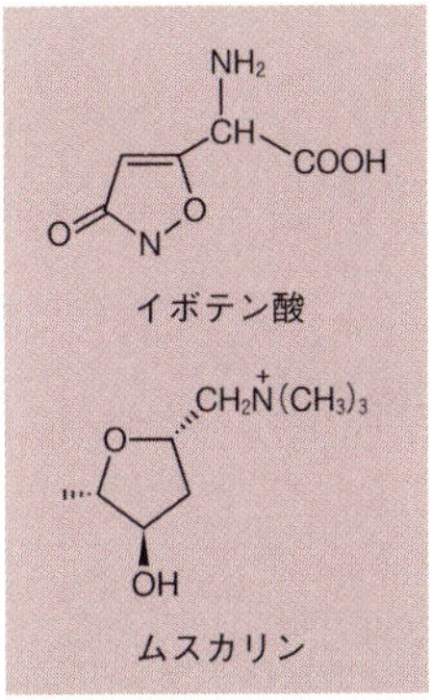

4・8 生 物 毒　　157

図 4・41　イボテン酸
およびムスカリン

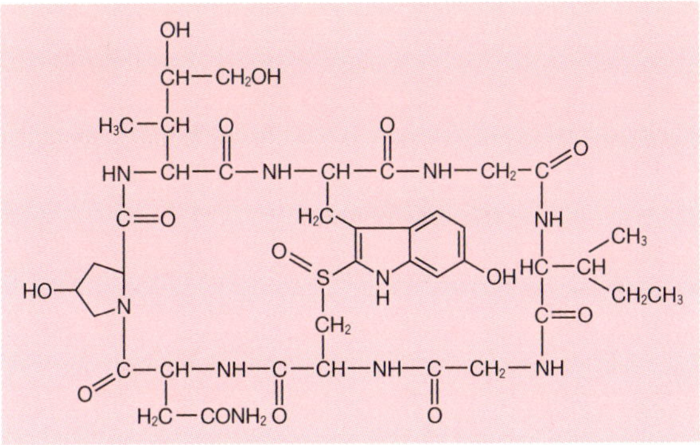

図 4・42　α−アマニチン

4・8・3　動 物 の 毒

　動物の毒には，動物自身がつくっているものと食物連鎖による他の生物からの毒
を濃縮したものがある．

a. フ グ 毒

　フグ毒として有名な**テトロドトキシン**はすべての種のフグがもっているわけでは
なく，クサフグやマフグなどの一部のフグの内臓，特に肝臓と卵巣に多く含まれて
いる．江戸時代以降，毎年中毒により数十人が死亡していたが，近年死亡事故はほ
とんど発生していない．フグ毒はフグ自身が合成するのではなく，ビブリオ属の海
洋細菌によって合成され，食物連鎖によってそれぞれの生物に濃縮されることがわ
かった（図 4・43a および本章 p.160 のコラム参照）．テトロドトキシンはきわめて
特異な化学構造を有しており，1964 年，日本の二つの研究グループと米国の研究グ
ループによって独立に決定された（図 4・43b）．テトロドトキシンは神経細胞の Na^+
チャネルに結合して細胞内への Na^+ の流入を阻害し，神経伝達を遮断することに
よって呼吸麻痺をひき起こし，重症の場合は死に至らしめる．ヒトに対する致死量
は約 2 mg である．アルギニンとイソプレンユニットから生合成されると考えられ
ている（図 4・43b）．

b. 貝および魚類の毒

　図 4・44 に示す**サキシトキシン**は，最初はアラスカで麻痺性貝毒の原因物質とし
て見つかったが，その後，渦鞭毛藻である *Gonyaulax catenella* によって生産され，

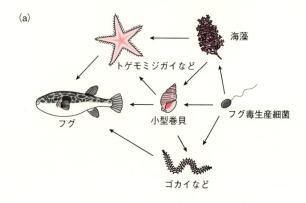

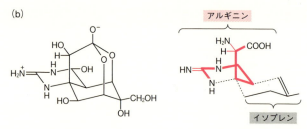

図 4・43　フグ毒（テトロドトキシン）　(a) 食物連鎖による生物濃縮，(b) その構造および推定合成単位

食物連鎖により貝に蓄積することがわかった．

　サンゴ礁に棲息する魚類による食中毒で毎年数万人の規模で患者が発生する原因物質として**シガトキシン**が単離された．しかし，その毒の起源は渦鞭毛藻 *Gambierdiscus toxicus* であることがわかった．シガトキシンは 13 個のエーテル環が梯子状につながった特異な構造を有する（図 4・44）．シガトキシンは電位依存性の Na^+ チャネルに作用して膜電位の分極を阻害する．同種の藻類によって生産される非タンパク質性の毒として最強（マウス腹腔内投与での半数致死量は 0.17 μg/kg, 表 4・1 参照）の**マイトトキシン**がある．分子内に 32 個のエーテル環を有し（図 4・44），あらゆる細胞で細胞外から Ca^{2+} の流入を促すことによって毒性を発現する．

　食中毒の原因になる**パリトキシン**は熱帯域のカニや魚類に濃縮される．パリトキシンはイワスナギンチャクから精製・単離された．分子式は $C_{129}H_{223}N_3O_{54}$ で，分子量は 2678.6 であり，繰返し構造をもたない化合物で最大の分子量をもつ（図 4・44）．全部で 64 個の不斉炭素を有するが，1982 年そのすべての立体配置が米国ハー

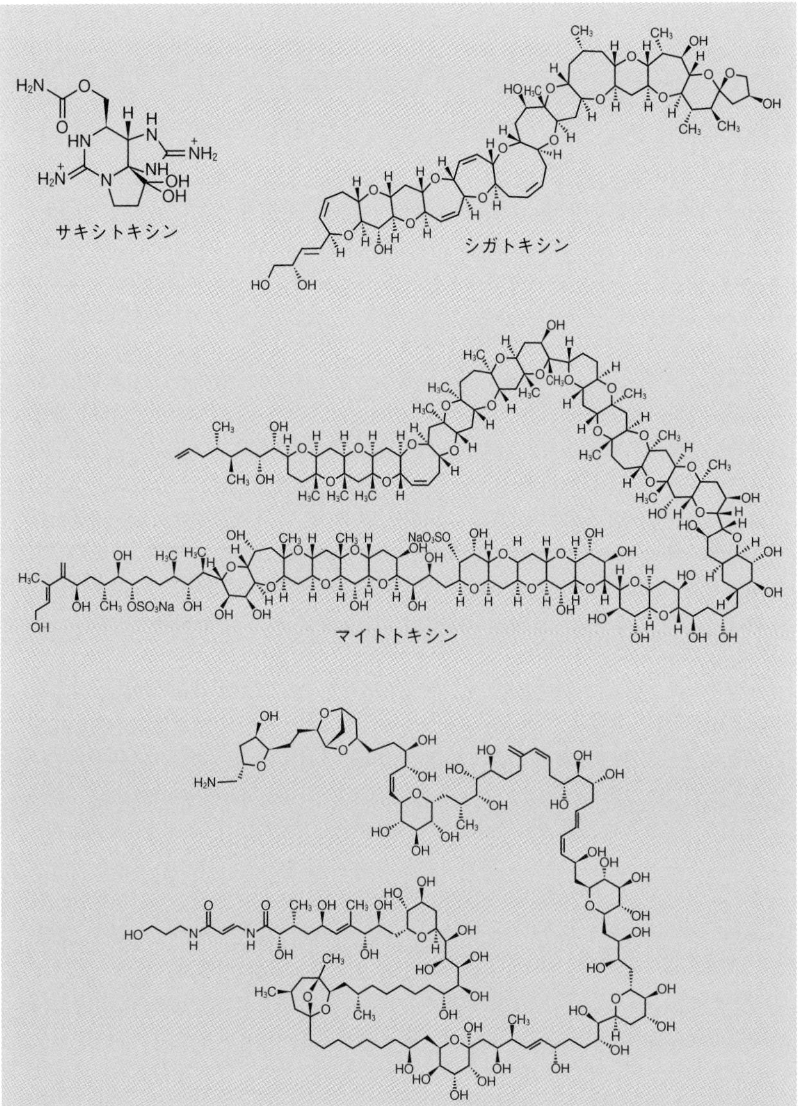

4・8 生 物 毒　　　　159

サキシトキシン

シガトキシン

マイトトキシン

パリトキシン

図 4・44　貝および魚介類の毒

バード大学の岸 義人らのグループによって有機合成的手法で決定された．テトロド
トキシンの約 20 倍強い毒性を，またシガトキシンと同程度の毒性を有し（表 4・1
参照），細胞膜上に存在する $Na^+/K^+-ATPase$ に作用してイオンの選択性を失わせ
る．

　イモガイの毒腺は矢の形をしており，小魚が近づいてくるとそれを瞬時に発射し
て刺し殺す．毒成分の主体は**コノトキシン**（conotoxin）類とよばれる多種類の小ペ

フグ毒の研究史と毒の起源

　現在，フグを食するのは東アジアに限られているようであるが，フグによる食
中毒は昔から頻発しており，その記述は古文書にも見られる．1892 年田原良純は
初めてフグ毒の研究を行い，続いて 1909 年に部分精製するとともに，その化学的
性質を調べ，この毒性物質をテトロドトキシンと命名した．テトロドトキシンに
は神経痛を軽減する作用があり，大正期には薬として製造販売された．結晶化お
よび構造決定は，東京大学薬学部の津田恭介，名古屋大学理学部の平田義正，米
国の R. B. ウッドワード（1965 年ノーベル化学賞を受賞）の 3 者によって競われ，
1964 年京都で開催された国際天然物化学会議でまったく同一構造が 3 者から提
出された．

　当初，フグ毒はフグに特有のものと思われていたが，いくつかの動物から類似
物質が見つかってきた．まず，カリフォルニア産のイモリの卵巣に毒があること
が発見され，タリカトキシンと命名された．スタンフォード大学の H. S. モッ
シャーらはこの毒素を精製し，1964 年の会議でタリカトキシンがテトロドトキシ
ンと同一化合物であることを発表した．その後，中南米産のカエルの皮膚から，
西表島産のツムギハゼから，熱帯・亜熱帯の海岸に棲むヒョウモンダコから，ボ
ウシュウボラとよばれる貝の中腸腺からつぎつぎにテトロドトキシンが見つかっ
た．1980 年代に入ってさらにテトロドトキシンが発見される種が増え続け，動物
だけでなく，海藻類にまで範囲が広がった．東北大学農学部の安元 健らはテト
ロドトキシンをもつ生物の食物連鎖をたどって石灰藻までたどり着いたとき，細
菌の可能性を疑いはじめた．1985 年，遂に海洋細菌の中からテトロドトキシン生
産菌を発見した．その後はつぎつぎに生産菌が見つかり，フグ毒の真の生産者は
細菌であることが明らかとなった．

　数多くの生物からフグ毒が見いだされた原因はそれぞれの生物が独自に合成し
たのではなく，食物連鎖によってフグ毒が生物濃縮された結果であることが明ら
かとなった．

プチドからなる．アミノ酸配列の鎖長と類似性から，α–, μ–, ω–コノトキシンの三つに分類され，それぞれ 12～15, 22, 24～29 残基からなる．イモガイの一種アンボイナガイ *Conus geographus* の α–コノトキシンが最も毒性が強く（半数致死量 12 μg/kg），そのうち GI は 13 アミノ酸残基からなり，四つのシステイン残基は分子内で 2 対のジスルフィド結合を形成しており，C 末端はアミド化されている（図 4・45）．また，同種の貝の ω–コノトキシン GVIA は 26 アミノ酸残基からなり，分子内に 3 対のジスルフィド結合をもち，C 末端は同じくアミド化されている（図 4・45）．コノトキシン分子内のプロリン残基の多くはヒドロキシ化されている．α–コノトキシンは神経と筋肉の接合部において，神経終末から分泌されるアセチルコリンの筋肉側での受容を阻害する．μ–コノトキシンは筋肉の Na^+ チャネルに結合して神経伝達を阻害し，ω–コノトキシンは神経の電位依存性の Ca^{2+} チャネルを阻害する．

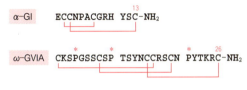

図 4・45 アンボイナガイのコノトキシンの構造
＊はヒドロキシプロリン残基

c. ハ チ 毒

一般にハチ毒はミツバチの毒とスズメバチの毒に分けられるが，両者は共通してアミン類を含み，アセチルコリン，ヒスタミン，セロトニン，エピネフリン，ネオエピネフリン，ドーパミンなど，いわゆる神経伝達物質（3・4c 節参照）が痛みや痒みの本体となっている．ミツバチの毒に特有のものとして溶血作用を有する**メリチン**および神経毒の**アパミン**というペプチドがある（図 4・46）．また，ヒスタミン遊離作用を有する **MCD ペプチド**（肥満細胞脱顆粒ペプチド）がある（図 4・46）．一方，スズメバチの毒には**ハチ毒キニン**とよばれる疼痛をひき起こすペプチド，**マストパラン**というヒスタミン遊離ペプチド，**白血球遊走ペプチド**を含む（図 4・46）．ハチ毒キニンを除いてすべて C 末端がアミド化されている．このうちマストパランは同じ作用を有する MCD ペプチドと比較すると，疎水性アミノ酸残基を多く含む．マストパランとメリチンは水溶液やエタノール溶液中ではランダムコイル構造をとるが，リン脂質膜に接すると，α ヘリックス構造をとることから，細胞膜に働くと推定されている．

162   4. 機能から見た外因性生物活性物質

ミツバチの毒

メリチン
Gly-Ile-Gly-Ala-Val-Leu-Lys-Val-Leu-Thr-Thr-Gly-Leu-Pro-Ala-
Leu-Ile-Ser-Trp-Ile-Lys-Arg-Lys-Arg-Gln-Gln-NH₂

MCD ペプチド（ヒスタミン遊離ペプチド）
Ile-Lys-Cys-Asn-Cys-Lys-Arg-His-Val-Ile-Lys-Pro-His-Ile-Cys-

Arg-Lys-Ile-Cys-Gly-Lys-Asn-NH₂

アパミン
Cys-Asn-Cys-Lys-Ala-Pro-Thr-Ala-Leu-Cys-Ala-Arg-Arg-Cys-Gln-His-NH₂

スズメバチの毒

ハチ毒キニン
Gly-Arg-Pro-Hyp-Gly-Phe-Ser-Pro-Phe-Arg-Ile-Asp

マストパラン（ヒスタミン遊離ペプチド）
Ile-Asn-Leu-Lys-Ala-Ile-Ala-Ala-Leu-Ala-Lys-Lys-Leu-Leu-NH₂

白血球遊走ペプチド
Phe-Leu-Pro-Ile-Leu-Gly-Lys-Leu-Leu-Ser-Gly-Leu-Leu-NH₂

図 4・46　ハチ毒ペプチド

d. ヘ ビ 毒

　ヘビ毒は毒腺から分泌されるが，もともとは獲物の消化を助けるためのものであり，多様な成分からなる．主に神経毒と血液毒からなる．神経毒のひとつとしてペプチド性の毒があり，たとえば，エラブウミヘビ *Laticauda semifasciata* がもつ**エラブトキシン**は，シナプス後膜の神経伝達物質受容体に結合して神経伝達を阻害する（半数致死量 150 µg/kg）．エラブトキシンは 62 アミノ酸残基からなり，分子内に4対のジスルフィド結合を有する（図4・47）．一方，ニホンマムシ *Gloydius blomhoffii* の毒は主に血液毒であり，血管壁を損傷させて出血させたり，血液凝固にかかわるフィブリノーゲンを分解して血液凝固を阻害するプロテアーゼの一種であるブレビ

RICFNQHSSQ PQTTKTCPSG SESCYHKQWS DFRGTIIERG

CGCPTVKPGI KLSCCESEVC NN

図 4・47　エラブトキシンの構造

4・9 蛍光および発光化合物 　163

リシン類や, 血小板の凝集を阻害して血液凝固を阻害するホスホリパーゼ A_2 などの酵素が主体になっている.

e. 微 生 物 の 毒

カビが生産する発がん物質, アフラトキシンについてはすでに 2・3・5 節および 4・5・3 節で述べた.

土壌細菌である *Clostridium botulinum* が生産する**ボツリヌス毒素**は食中毒をひき起こす. 毒素はタンパク質で, A から G までの七つの型に分類される. A 型の場合, 多形で分子量 90 万, 50 万, 35 万の分子種が存在し, 神経毒を担う分子量 15 万に相当する部分を共有する. 膜受容体に結合して神経細胞に取込まれ, 神経終末からのアセチルコリンの放出を阻害することによって毒性を発現する. 天然の毒では最強で, ヒトに対して 0.1～1 µg で発症する.

f. プリオンタンパク質

海綿状脳症, いわゆる狂牛病は**プリオンタンパク質** (prion protein) によってひき起こされる. ウシプリオンタンパク質は 240 アミノ酸残基からなるタンパク質である (図 4・48). タンパク質自身に伝染性があるということは不思議なことであるが, 間違った立体構造を有するタンパク質が正常なタンパク質に接触するだけで, その立体構造を間違った構造に変化させ, この異常なタンパク質が原因となる.

```
KKRPKPGGGW   NTGGSRYPGQ   GSPGGNRYPP   QGGGGWGQPH   GGGWGQPHGG   GWGQPHGGGW    60
GQPHGGGWGQ   PHGGGGWGQG   GTHGQWNKPS   KPKTNMKHVA   GAAAAGAVVG   GLGGYMLGSA   120
MSRPLIHFGS   DYEDRYYREN   MHRYPNQVYY   RPVDQYSNQN   NFVHDCVNIT   VKEHTVTTTT   180
KGENFTETDI   KMMERVVEQM   CITQYQRESQ   AYYQRGASVI   LFSSPPVILL   ISFLIFLIVG   240
```

図 4・48　ウシプリオンタンパク質

4・9 蛍光および発光化合物

生物のなかには蛍光を出したり, 発光する特殊な組織をもつものがある. 雌雄間の情報交換に利用されたり, 他の生物の攻撃から防御するための手段, あるいは深海のような光のない世界では存在を誇示する道具であったりするが, まだ役割がわからない例も多い.

a. ホタルルシフェリン

ゲンジボタル *Luciola cruciata* など限られた種のホタルは雌雄ともに腹部先端付近から黄緑色の光を発する. 発光物質は**ホタルルシフェリン**とよばれ, ルシフェラーゼという酵素と ATP の作用により酸素と反応してオキシルシフェリンとなり発光

する（図4・49）．この反応は，ルシフェラーゼ遺伝子を下流に組込んだプロモーター解析に利用されている（5・4節参照）．

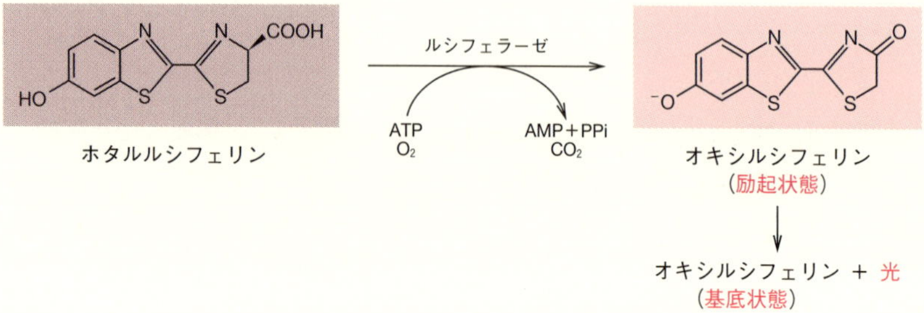

図4・49 ホタルルシフェリンとその発光機構

b. イクオリン

イクオリンはオワンクラゲ *Aequorea coerulescens* から緑色蛍光タンパク質とともに抽出され，分離精製された分子量約2万の青色発光タンパク質である．発色団であるセレンテラジンは過酸化部位を介してアポイクオリン（タンパク質部分）のHis165およびTyr184と水素結合している．ホタルのルシフェリンとは異なり，発光に際して酸素やATPや酵素ではなく，カルシウムイオンを必要とする．カルシウムイオンがイクオリンに結合すると，アポイクオリンは構造変化を起こし，セレンテラジンはセレンテラミドに変化するとともにアポイクオリンから遊離し，同時に二酸化炭素を放出し，青色に発光する（図4・50）．なお，発光した後のアポイクオリンはセレンテラジンと酸素の存在下でイクオリンに再生できる．イクオリンは細胞内のカルシウムイオン濃度変化の検出などに利用されている（5・4節参照）．

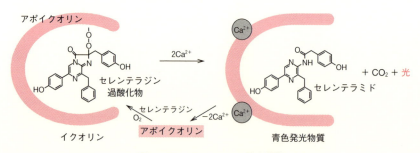

図4・50 イクオリンの発光機構

c. 緑色蛍光タンパク質

オワンクラゲ *A. coerulescens* は傘の外縁部に刺激に応じて緑色蛍光を発する. その原因の蛍光物質である**緑色蛍光タンパク質**（green fluorescent protein, **GFP**）は分子量約2万7千のタンパク質である. 特異なアミノ酸配列 Ser^{65}–Tyr^{66}–Gly^{67} を有し, この配列内での分子内脱水反応および脱水素反応により蛍光発色団を形成し, 緑色蛍光物質に変化する（図4・51）. 緑色に光る理由は, イクオリンから GFP へのエネルギー移動による. この蛍光を利用して異種タンパク質と融合した GFP 標識タンパク質として発現させ, そのタンパク質の局在や挙動を蛍光顕微鏡観察で追跡したり, 蛍光マーカーや蛍光プローブとして広く利用されている（口絵5および5・4節参照）. GFP は1961年に下村脩によって発見され, 1979年に蛍光発色団の化学構造が明らかにされた（図4・51）. 下村およびその利用法を開発した M. チャルフィー, R.Y. チエンの3名に2008年ノーベル化学賞が授与された（コラム参照）.

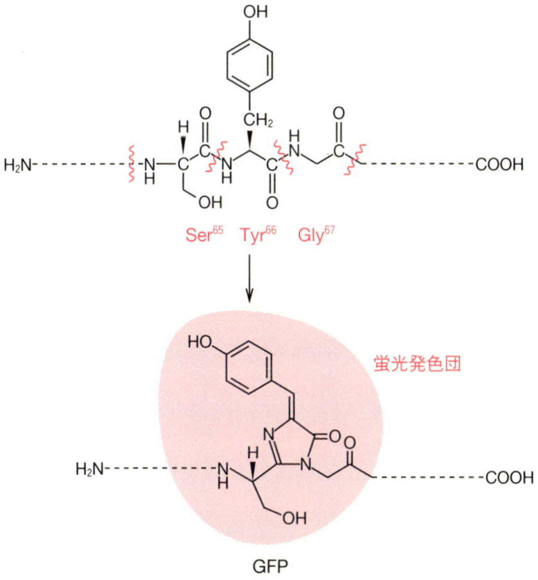

図 4・51 緑色蛍光タンパク質（GFP）の蛍光発色団の構造

4・10 その他の外因性生物活性物質

a. アベルメクチン

放線菌 *Streptomyces avermitilis* が生産する**アベルメクチン**は抗菌活性はないが

下村脩と蛍光・発光タンパク質

　今では少なくなったが, 以前はホタルの明滅は夏の風物詩とされ, 川沿いをゆっくり飛んでいる姿をその光で追ったものである. 下村脩はこのような生物発光にかかわる多くの蛍光・発光タンパク質について探求を続けてきた. 長崎医科大学附属薬学専門部 (現長崎大学薬学部) を卒業したのち, 実験助手に採用された. 4 年後, 指導教授の勧めで名古屋大学理学部の平田義正教授 (フグ毒テトロドトキシンの構造研究などで著名な天然物有機化学者, 本章 p.160 のコラム参照) のもとで研究を行い, ウミホタルの発光物質であるルシフェリンを結晶化するというテーマを与えられた. 当時, 多くの努力にもかかわらず, まだ誰も結晶化を実現していなかった. 実験の開始から 10 ヵ月後にまったくの偶然からルシフェリン溶液に濃塩酸を加えて一夜放置したところ, 赤色針状結晶として得ることができた.

　その後, 長崎へ戻ることなく, 米国プリンストン大学からの誘いを受け, フルブライト奨学金の援助を得て留学し, 緑色に光るオワンクラゲの発光物質の研究を開始する. 当時, オワンクラゲの発光はホタルのルシフェリンにおける酵素反応をもとに考えられていたため, 多くの研究者は発光物質を取出すことができなかった. 一方, 下村は発想を転換して, 何らかのタンパク質が関与していると推測した. この発想は当時の常識をはるかに超えるものであった. オワンクラゲは 1 回の実験に 1 万匹以上必要とされ, 家族をはじめ多くの協力者によって採取された大量の材料をもとに, 5 ヵ月後には青色の発光タンパク質をほぼ純粋に精製し, イクオリンと名付けた. さらに, イクオリンの分子構造と発光機構を解明した. 紫外線を当てると緑色に光る物質は, イクオリンの精製の途中で微量の副産物として初めて単離された. これが緑色蛍光タンパク質 (GFP) である.

　下村は, オワンクラゲの GFP が–Ser–Tyr–Gly–の配列の自発的な化学反応によって蛍光発色団に変換され, 緑色蛍光を発することを明らかにし, 蛍光発色団の化学構造を決定した. その後, 他の研究者によって遺伝子レベルでこのアミノ酸配列が検討され, 青色, シアン, 黄色の蛍光タンパク質などの改良型 GFP がつくり出された. さらに他の生物由来の蛍光タンパク質が調べられ, 緑色以外の蛍光を発するタンパク質が多数発見された. これらは生物学・医学的な研究におけるイメージング技術に不可欠なマーカーあるいはプローブなどとして汎用されている. 2008 年, 緑色蛍光タンパク質 (GFP) の発見, 発現と開発に対して, 下村ら 3 名にノーベル化学賞が贈られた (巻末の付録 A を参照).

4・10 その他の外因性生物活性物質 167

（図 4・52），家畜に投与すると消化管内の寄生虫や，粘膜や筋肉に侵入した蠕虫類に顕著な殺虫活性を示す．この活性には 13 位に付加した糖鎖が重要である．また，イヌのフィラリア糸状虫には麻痺効果を示す．22 位と 23 位の間の二重結合を還元（水素添加）した**イベルメクチン**（図 4・52）は家畜を含む哺乳動物の寄生虫に対して顕著な殺虫活性を示すだけでなく，ヒトの寄生虫病に対してもきわめて高い殺寄生虫活性を示した．このことから，特にアフリカで蔓延しているフィラリアの感染が原因でひき起こされるオンコセルカ症などの病気の治療薬として実用化されている．この化合物の発見と開発に貢献した大村智および W. C. キャンベルに 2015 年ノーベル医学生理学賞が贈られた（コラム参照）．

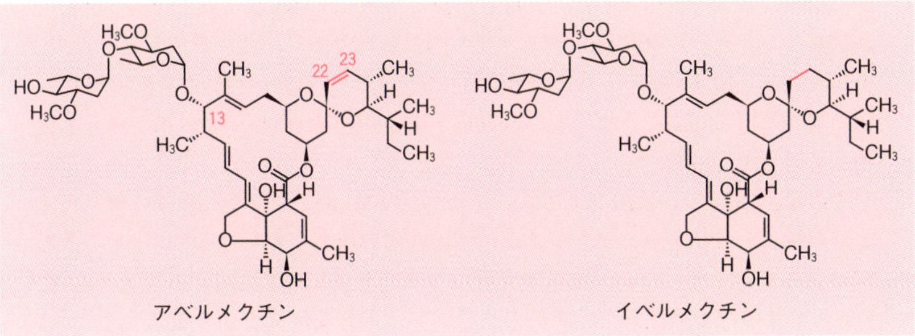

図 4・52 アベルメクチンおよびイベルメクチン

b. ビアラホス

放線菌 *Streptomyces hygroscopicus* によって生産される**ビアラホス**は C–P–C 結合をもつアミノ酸（ホスホノトリシン）を含むトリペプチドである（図 4・53）．ビアラホスは除草活性を示すが，散布されると，Ala–Ala 部分が除去され，ホスホノトリシンがグルタミンのアナログとして作用し，グルタミン合成酵素阻害剤として働く．その結果，体内で発生したアンモニアをグルタミン酸へ転移できなくなり，アンモニアの毒性により枯死する．

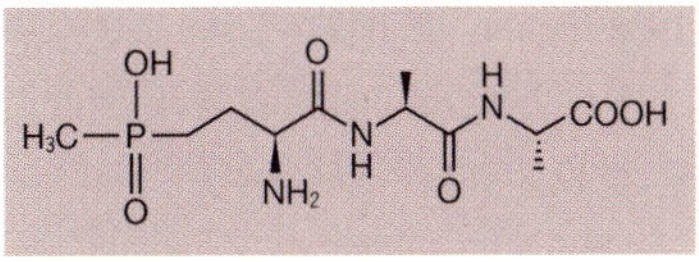

図 4・53 ビアラホス

大村智と微生物創薬

　第二次世界大戦中に始まったペニシリン研究を基礎にして，抗生物質に関する研究は戦後も継続的に発展し，日本は世界有数の研究・生産拠点となった（本章p.140のコラム参照）．大村智はその潮流のなかで数々の有用な新規微生物発酵産物を発見した．1958 年 3 月に山梨大学学芸学部を卒業後，東京理科大学大学院修士課程を終えて，山梨大学の助手に採用された．2 年後に北里研究所に技術補として異動した．当時の所長は秦藤樹（後，北里大学学長）で医学微生物学を専門とし，がんに対する化学療法に力を注いでおり，微生物が生産する抗がん物質の探索・研究を続けていた．秦はマイトマイシン C（図 4・24）を発見して，がん治療に多大な貢献をした．大村が最初に与えられた課題は秦が発見した抗生物質ロイコマイシン類の分離精製と化学構造解析であり，これを成し遂げた後，セルレニン（図 4・32）についても同様に成功した．当時，複雑な天然有機化合物の構造解析に NMR をはじめとする機器分析が使われ始め，大村はこれらを駆使して研究を行った．

　その後，1971 年に米国ウェスレーヤン大学の M. ティシュラー教授の研究室に客員教授として招かれ，セルレニンの作用機構の研究などを行った．当初，3 年間の滞在予定であったが，北里研究所から研究室ひき継ぎに関する要請があり，1 年 4 ヵ月ほどで帰国した．その際，日本での十分な研究資金を獲得するため，米国の研究所や製薬会社に共同研究をもちかけ，ティシュラー教授がかつて大手製薬企業メルク社の研究所長をしていた縁から，メルク社と共同研究を行うことになった．大村は，当時あまり手が付けられていない動物薬の探索・研究をメルク社に対して提案し，研究費の提供および化合物の実用化・販売に関する特許について契約した．このような連携のもと，大村が静岡県伊東市川奈の土中から分離した一放線菌が生産するアベルメクチン（図 4・50）が動物の寄生虫に対して殺虫効果を有することを見いだした．メルク社ではアベルメクチンの化学構造を変換してさまざまな化合物を合成したが，そのなかで最も効能の高いイベルメクチン（図 4・52）が動物薬として開発された．この化合物は，動物の寄生虫だけでなく，ヒトの寄生虫にも卓越した効果を示し，特にアフリカで大きな問題になっていたフィラリア線虫の回旋糸状虫に感染すると失明の恐れがあるオンコセルカ症やフィラリア線虫によってひき起こされるリンパ系フィラリア症（別名，象皮病）の治療薬となり，1988 年以来，無償提供され，多大な恩恵をもたらしている．この貢献により，大村とメルク社の寄生虫学者 W. C. キャンベルに 2015 年のノーベル医学生理学賞が贈られた（巻末の付録 A を参照）．

c. 発がんプロモーター (tumor promoter)

発がん過程はイニシエーションとプロモーションからなるという発がん2段階説が提出され，受け入れられている（図4・54）．ハズ *Croton tiglium* という植物の種子から得られるクロトン油はプロモーション活性をもつ物質，すなわち発がんプロモーターである．その活性本体として，ジテルペンである**ホルボール**の二つのヒドロキシ基（12位と13位）に炭素数14の脂肪酸と酢酸がエステル結合した化合物（12-*O*-テトラデカノイルホルボール-13-アセテート）が単離・構造決定された（図4・55）．同様のプロモーション活性を有する化合物として放線菌 *Streptomyces mediocidicus* の菌体から**テレオシジン**（teleocidin）類が単離された（図4・55）．

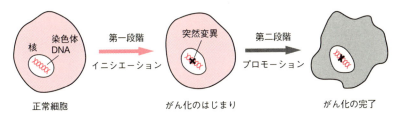

図4・54 **発がんの二段階説** 発がんの過程はイニシエーションとプロモーションの二段階によって起こり，それぞれを担う物質が存在する．通常，片方の物質だけでは発がんしないし，順序を逆にしても発がんしない．発がんのイニシエーターには，ベンゾピレンやジメチルベンゾアントラセンなどがあり，染色体DNAに突然変異を起こす．

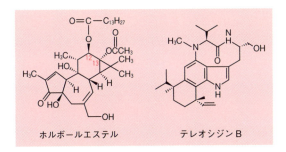

図4・55 発がんプロモーター

d. アフラスタチンA

糸状菌 *Aspergillus flavus* が生産するカビ毒であるアフラトキシン（図2・17a）は天然で最強の発がん物質でポリケチド化合物である．このカビの生育には影響しないでアフラトキシンの生合成を特異的に阻害する化合物として放線菌の一種から**ア**

フラスタチンAが単離された（1・4・2節の例3参照）．アフラスタチンAは鎖状化合物で，分子中央のポリオール部分と，その片側の窒素を含む5員環をもつテトラミン酸，および反対側のアルキル鎖からなる特異な構造を有する（図4・56）．アフラスタチンAは微生物の二次代謝を特異的に制御するという新しいタイプの生物活性物質である．

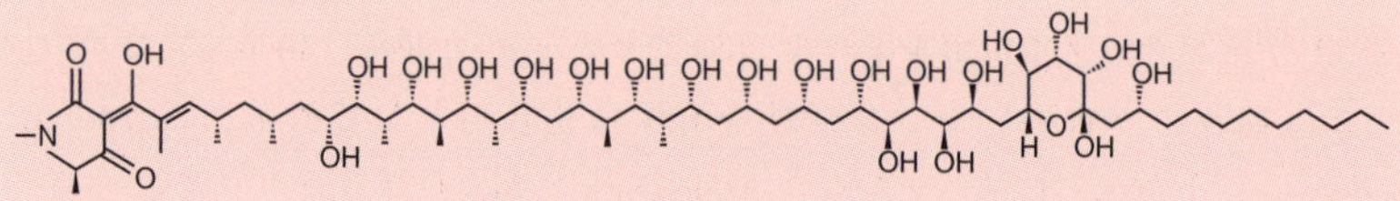

アフラスタチンA

図 4・56　アフラトキシン生合成の阻害物質

e. シストセンチュウ孵化促進物質

ダイズシストセンチュウはダイズをはじめとするマメ科植物の根に寄生して大きな被害を与えている．このセンチュウは土壌中にシストとよばれる硬い殻で覆われた卵を産卵し，シストは休眠状態で長く土壌中にとどまることができる．シストはマメ科植物の根から分泌される孵化促進物質の刺激によって孵化し，マメ科植物に寄生する．100 kg のインゲンマメの乾燥根からこの孵化促進物質が精製された結果，わずか 50 μg の活性物質である**グリシノエクレピンA**が得られ，構造解析された（図4・57）．この化合物は数 pg/mL という低濃度で線虫の孵化を促進する．一方，ジャガイモシストセンチュウ孵化促進物質である**ソラノエクレピンA**はジャガイモの水耕液から精製され，グリシノエクレピンAと類似の構造を有している．

グリシノエクレピンA　　ソラノエクレピンA

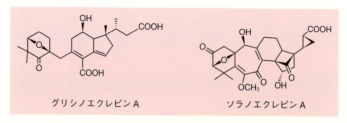

図 4・57　グリシノエクレピンAおよびソラノエクレピンAの構造

f. ハリコンドリンB

クロイソカイメン *Halichondria okadai* にはオカダ酸（図4・37）以外にさらに微

量な成分として高活性な抗腫瘍活性物質が含まれていることがわかり，600 kg の材料から精製された結果，8 種類の構造の類似した化合物が得られ，**ハリコンドリン**と命名された．そのなかで最も活性の強いハリコンドリン B は 12.5 mg しか得られなかった．その構造はポリエーテル化合物で（図 4・58），大環状ラクトン構造部分が抗腫瘍活性を担っていることから種々の誘導体が合成され，そのうちのひとつが現在乳がん治療薬として使用されている．ハリコンドリン B は微小管の重合を阻害することによって（4・2・2 節参照），がん細胞の増殖を抑制する．この化合物はクロイソカイメン自身がつくるのではなく，共生している微生物がつくると考えられている．

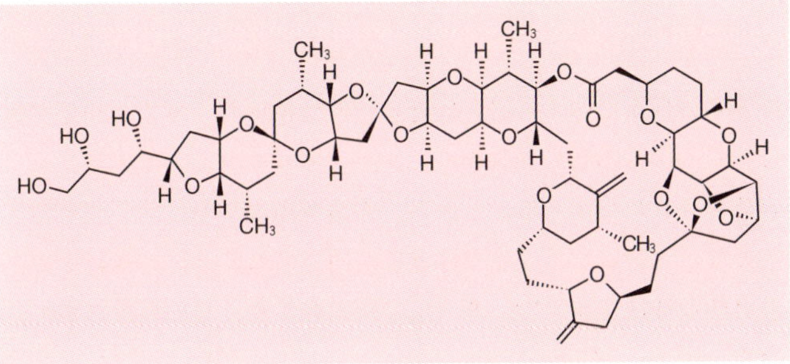

図 4・58 ハリコンドリン B の構造

g. ET 722

カリブ海産の群体ボヤ *Ecteinascidia turbinata* の粗抽出物が強力な抗腫瘍活性を示したことから，活性成分（**ET 722**）の精製が行われ，図 4・59 に示す構造をもつ化合物であることがわかった．ET 722 の収量はきわめて少なかったことから類似の構造をもつ化合物が半合成（類似の構造をもつ細菌の代謝産物を出発にして化学合成）され，軟部組織肉腫の治療薬として用いられている．

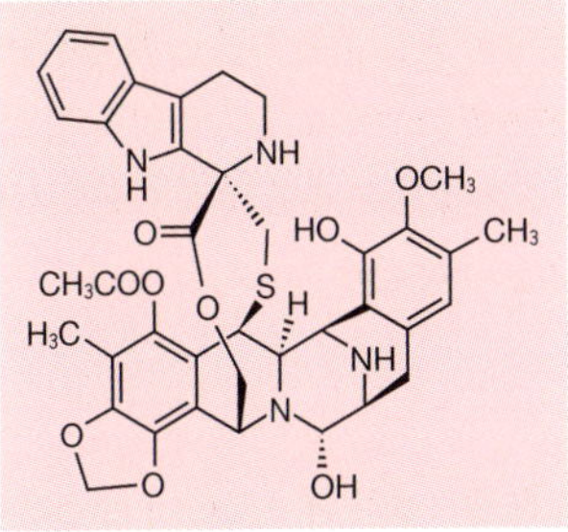

図 4・59 ET 722 の構造

生物活性物質化学の新展開

　生物活性物質の作用に関する研究は近年急速に進展し，多くの知見が蓄積されるようになった．内因性物質であるホルモン，フェロモン，サイトカイン，増殖因子などは受容体を介して作用することから，作用機構の解明において受容体の同定が最初の標的となる．いったん，受容体分子が同定されると，つぎにその先のシグナル伝達と最終的な作用発現まで一連の反応が追究され，その現象全体の分子機構が明らかとなる（図1・2参照）．

　一方，外因性物質については，天然の生物素材からの伝統的な探索方法によって新規な活性物質を得ることは，近年徐々に難しくなってきた．そこで，新たな生物資源として未開拓の海洋微生物（海洋生物に寄生・共生している微生物を含む）や，特殊な環境に生息する生物，たとえば温泉に生息する高熱菌，熱帯のジャングルや乾燥地に生育する希少な生物に注目して探索が行われた．さらに，微生物に関しては，実験室内で培養できない微生物（viable but non-culturable）の利用にも関心が集まっている．最近の研究によって，環境中に生息する微生物のうち培養できるのは，わずか1％程度にすぎないことが明らかとなった．そこで，これまで培養できなかった微生物を培養条件を変えて少しでも培養を可能にする方法の開発を試みるなど探索源を広げる努力がなされている．外因性物質についても内因性物質と同様に作用機構についての研究が盛んになっており，その標的になる物質（多くはタンパク質）の同定および標的物質と結合した後の諸反応の解析が進められている．

5・1　ホルモン受容体と作用機構

　ホルモン受容体には，大きく分けて**膜（貫通）受容体**（transmembrane receptor）

5・1 ホルモン受容体と作用機構

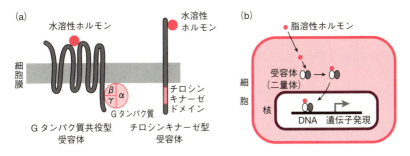

図 5・1 ホルモン受容体の分類 (a) 膜受容体, (b) 核内受容体

と**核内受容体**（nuclear receptor）の 2 種類が存在する（図 5・1）．膜受容体は細胞膜を貫通する膜タンパク質で，7 回膜貫通型の G タンパク質共役型受容体（G protein‒coupled receptor, GPCR）と細胞質側にチロシンキナーゼドメインをもつ 1 回膜貫通型のチロシンキナーゼ型受容体が存在し，それらに結合するホルモンはタンパク質・ペプチド性ホルモンを中心とする水溶性ホルモンである．一方，核内受容体は細胞質内に二量体として存在し，細胞質に入ってくる脂溶性低分子ホルモンと結合した後，その複合体は核へ移行し，特定の遺伝子の上流に存在する DNA の特定配列を認識して結合し，転写を制御する．いくつかの例を以下に述べる．

a. インスリン受容体とグルコースの取込み

1985 年，米国の二つの研究グループによって独立に，ホルモンの受容体として初めてインスリン受容体 cDNA がクローニングされた．ヒト胎盤からインスリン受容体を可溶化し，アフィニティクロマトグラフィーなどを駆使して精製した結果，受容体は 2 本鎖（α 鎖，β 鎖）からなることがわかった．その部分アミノ酸配列の解析の結果をもとにして cDNA がクローニングされ，塩基配列が明らかにされた．この cDNA は前駆体をコードしており，前駆体は N 末端側から α 鎖（735 アミノ酸残基）および β 鎖（620 アミノ酸残基）からなり，両者の間には Arg‒Lys‒Arg‒Arg の切断シグナルが存在していることから，翻訳後に切断され，α および β の 2 本鎖になると推定された（図 5・2）．α 鎖はインスリン結合部位をもち，β 鎖には 1 箇所の膜貫通部位および細胞質内にチロシンキナーゼドメインが存在する．また，α 鎖と β 鎖は細胞外で 1 対のジスルフィド結合を介して結合している．インスリンが結合すると二量体化して $\alpha_2\beta_2$ となり，そのシグナルは細胞内に伝えられ，チロシンキナーゼが活性化される．その後，細胞内のタンパク質のリン酸化などのカスケー

ド反応を経て，グルコース輸送体をもつ小胞が細胞膜に移動し，細胞膜と融合して細胞膜表面に多数のグルコース輸送体が配置され，その輸送体を介してグルコースが細胞内に取込まれる（図5・2）．

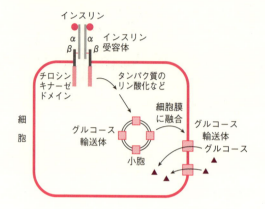

図5・2　インスリンの受容と作用機構

b. モルヒネ受容体とオピオイドペプチドの発見

モルヒネ（図4・5）というまったくの外来物質がきわめて効果的な鎮痛作用を示すことから，モルヒネが結合する受容体に対して，生体内にモルヒネと類似する鎮痛作用をもつ物質（内因性モルヒネ）の存在が予想された．モルヒネ受容体は，1970年代に GPCR であることが明らかとなり，薬物受容体という概念が初めて導入された．内因性モルヒネが探索された結果，オピオイドペプチドが発見された（図3・27 参照）．このペプチドをコードしている遺伝子は沼正作，中西重忠らによってクローニングされた．このように受容体の存在が最初に明らかとなり，そのリガンド（結合分子）を探索するという方法は，その後，ヒト全ゲノム解析で得られた情報を

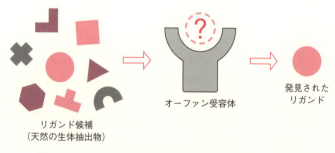

図5・3　オーファン受容体に結合する未知のリガンドの探索

もとに，バイオインフォマティクス（生物情報学）によってリガンドが不明の受容体（**オーファン受容体**（orphan receptor）という）を推定し，これを手掛かりにリガンドを発見する（図5・3）という逆薬理学の方法論に発展した．この方法はゲノム情報を利用した医薬の探索に応用されたことから，「ゲノム創薬」ともよばれる．

c. フェロモン生合成活性化神経ペプチド（PBAN）受容体

カイコガの性フェロモンは雌の腹部末端に存在するフェロモン腺の細胞で合成される．その合成は食道下神経節から分泌されるPBAN（図3・35参照）によって促進される．フェロモン腺の細胞にはPBANの受容体が存在し，この受容体へのPBANの結合が引き金になり，細胞内にシグナルが伝えられ，フェロモンの合成が開始される．哺乳動物の系において，PBANと類似のC末端配列を有するニューロメディンU（NMU）とその受容体（NMUR, GPCR型）がすでに同定されていた．2000年にショウジョウバエの全ゲノム解析が終了し，ゲノム上の配列からNMUR類似分子を拾い上げ，それらに対するPBANの活性に必須なC末端配列に対する結合実験の結果からPBAN受容体（PBANR）の候補分子が得られた．このショウジョウバエPBANRの配列と類似の配列をカイコガからクローニングし，それを昆虫細胞に発現してPBANとの結合を確認することによってこのクローニングされた遺伝子産物がPBANの受容体であると同定された（口絵5および5・4節参照）．

d. ステロイドホルモンなどの受容体

ステロイドホルモンの作用機構は昆虫のステロイドホルモンであるエクジステロイド（図2・40参照）を用いて初めて明らかにされた．キイロショウジョウバエの唾腺染色体の縞模様が発生に伴って緩む（パフとよばれる）現象が観察されており，そこで遺伝子の転写が行われていることが推定されていた．1973年，M. アッシュバーナーらは，エクジステロイドが直接DNAに作用してパフをひき起こすという仮説を提唱した．この仮説は，10数年後にキイロショウジョウバエのエクジステロイド受容体をコードする遺伝子がクローニングされ，その機能を解析する過程で証明された（図5・4）．すなわち，エクジステロイドは標的細胞の細胞膜を通過して細胞質に存在するエクジステロイド受容体タンパク質とUSP（ウルトラスピラクル）タンパク質とからなる二量体に結合したのち，核へ移行し，標的遺伝子の上流の転写調節領域に存在する応答配列を認識して結合し，その遺伝子の発現を誘導する．最初に応答する遺伝子を初期遺伝子群とよんでいる．初期遺伝子群の翻訳産物は自己の遺伝子発現を抑制し（負のフィードバック），後期遺伝子群の発現を誘導する．

その後，他のステロイドホルモン，ビタミンD，甲状腺ホルモンなどでもエクジ

ステロイドと同様の様式で作用することが明らかにされた．それらの受容体タンパク質には構造上の類似性があり，核内受容体スーパーファミリーを形成している（図5・5）．これらは A–E あるいは A–F ドメイン（機能単位）からなり，C ドメインは

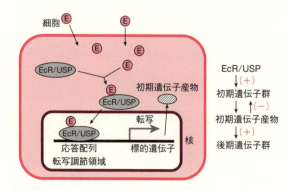

図 5・4　エクジステロイドの作用機構　E：エクジステロイド，EcR：エクジステロイド受容体，USP：ウルトラスピラクル

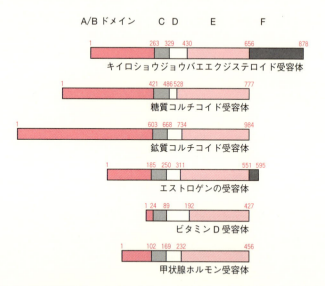

図 5・5　核内受容体スーパーファミリー　A–E あるいは A–F ドメインからなる．C ドメインは DNA 結合領域．E ドメインはリガンド結合領域．エクジステロイド受容体以外はヒトの受容体．

DNA結合領域, Eドメインはリガンド（ステロイドホルモンなど）結合領域で，これら二つのドメインは受容体間でアミノ酸配列の相同性が高い．

e. ジベレリン受容体

ジベレリンの受容および情報伝達は，おもにイネとシロイヌナズナのジベレリン感受性変異体の解析とその原因遺伝子の同定によって明らかにされた．ここではイネの例で説明する．

ジベレリン非感受性の極矮性変異体 gid1 の原因遺伝子として *GID1* が同定され，その翻訳産物である GID1 タンパク質は核内受容体であり，活性型ジベレリンとのみ直接結合することが放射性標識ジベレリンを用いた実験により示された．一方，ジベレリン非感受性の矮性変異体 gai の原因遺伝子として *GAI* が同定され，その翻訳産物は N 末端付近に Asp-Glu-Leu-Leu-Ala の配列を有することから，DELLA タンパク質と総称された．この矮性変異体は DELLA ドメイン中に変異があることがわかった．他方，イネの徒長型変異体 slender1 の原因遺伝子による翻訳産物は，同様に DELLA タンパク質であり，C 末端付近の GRAS ドメイン中に変異が存在した．また，別のジベレリン非感受性変異体 gid2 の原因遺伝子による翻訳産物 GID2 が F-box というユビキチン依存的分解にかかわるタンパク質複合体のサブユニットの一つであることがわかった．

ジベレリンの受容と情報伝達については，上記を含めたさまざまな実験結果から図 5・6 のように考えられている．DELLA タンパク質は通常，ジベレリンの作用を抑制する因子である．ジベレリン（GA）が標的細胞に取込まれると，核内に移行

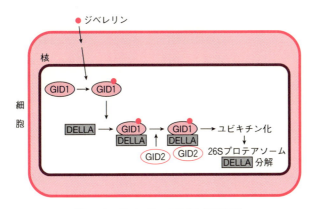

図 5・6 ジベレリンの受容と情報伝達

植物の自家不和合性——自他の識別

　生物は近親交配を続けていくと、異常な個体が現れる頻度が増すことが経験的に認められている．農業の現場でも雑種強勢という現象，すなわち優良な遺伝形質をもつ雑種を積極的に利用した技術が定着している．

　多くの高等植物では自己の花粉との受精を回避する**自家不和合性**（self-incompatibility）という現象が観察されている．これは，進化の過程で近親交配による弱勢化を避けて，種内の遺伝子多様性を確保する機構を獲得したことによる．この自家不和合性の自他識別の仕組みは遺伝学的に解析され，多くの植物において一つの遺伝子座（S遺伝子座）の複対立遺伝子（$S_1, S_2, \cdots, S_n$）により制御されることが示されてきた．すなわち，花粉と雌しべが同じ番号のS遺伝子をもつ場合にその受精が阻止される．アブラナ科植物では，雌しべ先端の乳頭細胞と花粉の間で自他識別されることが予想され（図1），実際，S遺伝子座に自他識別にかかわる"雌しべS因子"と"花粉S因子"がコードされていることが示された．最初に同定された雌しべS因子は，乳頭細胞の細胞膜上に発現する分子量約9万の1回膜貫通型の糖タンパク質で，細胞質内にキナーゼドメインを有することからS受容体型キナーゼ（SRK）と命名された．細胞外にアミノ酸配列が多形を示す領域があり，ここで花粉S因子を識別する．

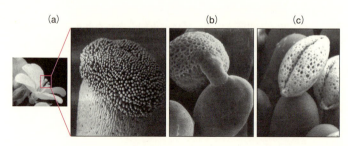

図1　アブラナ科植物の自家不和合性 （a）アブラナ科植物の花と雌しべ先端の乳頭細胞の拡大写真．（b）和合の場合，花粉管が伸長し，乳頭細胞へ侵入していく．（c）不和合の場合，花粉が乳頭細胞についてもその後の反応は起こらない．この不和合現象は，乳頭細胞に存在するS受容体型キナーゼにペプチド性の自己特異的な花粉S因子が結合することにより誘起される．

　一方，花粉S因子は受容体である雌しべS因子に結合する分子として発見された．花粉S因子は分子量約5000〜7000の多形性に富むペプチドで，分子内に4対（一部は3対）のジスルフィド結合を有する．図2には花粉S因子の一例を示した．同一染色体上（同じ番号のS遺伝子）にコードされた花粉S因子と雌しべS因子のみが鍵と鍵穴の関係で相互作用し，これが自他識別の基本となっ

コラム（つづき）

図 2　花粉 S 因子の一例

ている．その相互作用の結果，雌しべ S 因子は自己リン酸化され，自己花粉への水の供給を阻害するなどの不和合反応が誘導される．このように自家不和合性を制御する分子については最初に受容体が同定され，その後，その受容体に認識されるリガンドが同定された．一方，ケシ科やナス科植物では，同じ自家不和合性という性質は有するものの，その機構はまったく異なることが明らかにされている．

し，受容体である GID1 と結合する．この GID1/GA 複合体が DELLA に結合し，さらに DELLA と GID2 が結合して，DELLA はユビキチン化され，26S プロテアソーム系で分解される．このようにジベレリン依存的に DELLA が分解されることで，ジベレリンの作用が発揮される．

5・2　新しいスクリーニングシステム

　創薬の種（シーズ）になる化合物を迅速に見つけだすという観点から新たな方法が開発されてきた．そのひとつとして，**ハイスループットスクリーニング**（high throughput screening, HTS）があげられる．これは生物検定を効率化する目的で，短時間でより多くの化合物をスクリーニングする手法であり，器械システム（ロボット）を用い自動化が図られている．96 穴あるいは 384 穴などのマイクロプレートにそれぞれの検定試料を注入し，この小穴の中に必要な試薬や細胞，微生物などを加えて目的の反応を行い，その結果を吸光あるいは発光や蛍光などの強度で判定する（図 5・7）．加えた化合物によって，ある反応が抑制されたり，促進されたりする．
　マイクロプレートの小穴内で検定系が構築できるかどうかは，重要な問題である．限られた量の液体中で何段階もの複雑な反応を行うことは難しく，試薬の溶解度や加える細胞の性質によっては簡便な系を構築できない場合もある．実際にロボットが作動すれば，短時間で結果が出るが，系をつくり上げるまでに多くの時間を費やすことが多い．

ハイスループットスクリーニングで最も重要なことは，化合物の構造の多様性を確保することである．製薬会社や農薬会社では，過去に合成した多くの化合物が眠っている．市場に出ている化合物を生み出す過程で類縁化合物が数多く合成され，ま

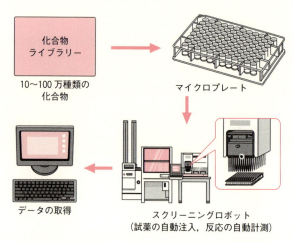

図 5・7　ハイスループットスクリーニング法の概略

たその合成中間体もたくさん残されている．さらに，有望な化合物で実際の薬にならなかったもの，およびその関連化合物など，何十万種類もの化合物があり，それらによって**化合物ライブラリー**（chemical library）が構成されている．当然，ライブラリーごとに化合物の多様性に特徴がある．また，合成化合物だけでなく，天然の材料からの抽出物や微生物の培養汚液などを集めたライブラリーもある．

ハイスループットスクリーニング法は，一次スクリーニングとして用いられる．すなわち，多数の多様な化合物の中からある一定以上の活性を示した化合物を候補分子として拾い上げる．まず1試料1容量で検定し，そこで拾い上げられた化合物について容量を変化させて再度検定し，有望な化合物を得る．つぎに，ハイスループット法とは異なる二次スクリーニングの系に供し，さらに必要に応じて三次スクリーニングなどで絞り込む．数が絞られた段階でそれらの関連化合物を合成して構造と活性の関係を調べたり，さらに詳しい生物活性を検討して，構造の最適化を行う．実用に至るには，さらに毒性試験，代謝試験，動物実験，臨床試験（治験）など数多くの関門を通過しなければならない．

5・3 ケミカルバイオロジー

"生物活性物質化学"は，あるマクロな生命現象の原因となる化合物（生物活性物質）を探索するために，まず生物検定法を確立し，それを用いて生物活性物質を探索し，精製して，化学構造を決定する学問である．この分野は100年以上の長い歴史をもち，その過程で数多くの有用な有機化合物が発見され，生物の営みが明らかになるとともに，医薬品，診断薬や農薬として生活の質の向上に寄与してきた．また，生化学試薬として利用されているものも多い．

それに対して，最近，ケミカルバイオロジー（化学生物学）という新しい分野が誕生した．**ケミカルバイオロジー**（chemical biology）は生物活性物質などの化合物を利用して生命現象を明らかにする学問である．ケミカルバイオロジーでは，生物活性物質は道具として使われ，標的分子を探索し，その標的分子を介する一連の系を明らかにし，さらにはその系を制御することで，未知なるミクロな生命現象の解明を目指す（図1・2参照）．

生物活性物質の標的分子は概して高分子化合物であり，多くの場合タンパク質である．標的タンパク質をゲル電気泳動のゲル上で検出するために，生物活性物質がチロシン残基を含むペプチドの場合は放射性ヨード（^{125}I）で標識したり，ペプチドを含むその他の物質の場合は官能基（アミノ基やスルフヒドリル基など）を介してビオチン標識試薬などによって標識する（図5・8）．泳動したゲルから疎水性膜に転写し，前者の場合は，直接放射性標識された生物活性物質を処理して，どのバンドが結合したかを調べる．後者の場合は，同様に転写した疎水性膜にビオチン標識

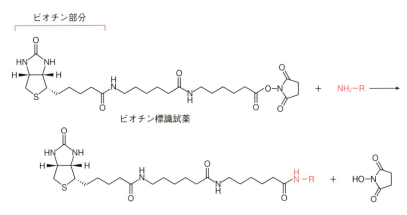

図5・8 ビオチン標識試薬と標識反応　アミノ基（NH$_2$）の場合

された生物活性物質を処理し，さらにビオチンときわめて高い親和性をもつアビジン（タンパク質）に酵素を結合させた複合体を作用させ，その酵素の触媒作用を利用して基質の酵素反応物を発色などにより検出する（図5・9）．このようにして，標識された生物活性物質と直接結合したバンドに由来するタンパク質を確定し，その化学構造を明らかにすることにより，標的タンパク質を同定する．

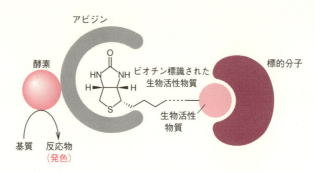

図5・9 ビオチン標識された生物活性物質に対する標的分子の検出法

以下に，ケミカルバイオロジーの先駆けとなったタクロリムス（FK506）によるインターロイキン2（IL-2）の産生機構の解明について述べる．FK506はT細胞のIL-2というサイトカインの産生を抑制する化合物として発見され（図4・30），現在，免疫抑制剤として使用されている（図5・10）．

米国のS. シュライバーらは，FK506に結合して化合物の作用を仲介するタンパク質の探索を行った．まずFK506をアガロース樹脂にリンカーを介して結合させ（図5・10），FK506に対する親和性を利用した精製により，新規タンパク質であるFK506結合タンパク質（FK506 binding protein，FKBP）を同定した．これが起点になってIL-2の産生を制御する機構の全容が明らかにされた（図5・10）．すなわち，T細胞の細胞質内でカルシニューリン（CN）とよばれるタンパク質がFKBPと結合すると，活性化され，脱リン酸化酵素活性を示すようになり，IL-2の転写因子であるNFAT（nuclear factor of activated T cell，T細胞活性化因子）の脱リン酸化を促す．その結果，NFATは核へ移行し，AP-1タンパク質と二量体を形成して，IL-2遺伝子の上流に結合し，IL-2の転写を活性化する．FK506はFKBPと結合することでIL-2産生の最初の反応であるカルシニューリンの活性化を阻害し，その結果IL-2の産生を抑制する．

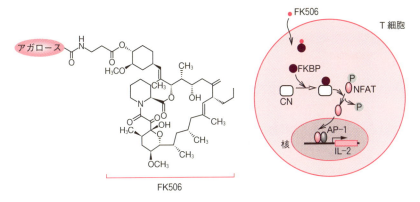

図 5・10　FK506 を用いた T 細胞における IL-2 産生機構の解明

5・4　蛍光および発光化合物を用いた生命現象の解明

　蛍光や発光は可視光や紫外線に比べて格段に微弱な光を検出することができる。この特性を利用して，すでに 4・9 節でもふれた蛍光および発光化合物は生命科学分野における解析技術の重要な手段として発展してきた。

　ある調べたい化合物に化学修飾を施し，その修飾した化合物を生きた細胞や組織に与え（発現させ），生きたままその化合物，あるいはその化合物と複合体を形成する化合物の細胞内での局在や移動を観察する方法を**分子（蛍光）プローブ**（molecular (fluorescent) probe）**法**とよぶ。その例として，口絵 5 で紹介したように，高感度緑色蛍光タンパク質（enhanced GFP（EGFP），GFP のアミノ酸配列を一部改変して高感度化したもの）を融合させた受容体タンパク質（この場合はPBANR，5・1c 節参照）を昆虫細胞内で発現させたところ，予想通り細胞膜上に局在していることが確認された（図 5・11a）。このように，生きた細胞の状態を直接観察する方法を**ライブイメージング**（live imaging）という。この口絵の場合には，発現した受容体（PBANR）に対して PBAN に赤色蛍光化合物であるローダミンレッド-X（Rhodamine Red-X）（図 5・11b）を結合させた化合物を処理し，その局在を赤色蛍光で観察すると，同じく細胞膜に存在することがわかった（図 5・11a）。二つの画像を重ね合わせると完全に一致したことから，発現した PBANR に PBAN が結合していると判断された。なお，PBAN のアミノ酸配列を少し変えた活性のないペプチドを用いて同様の実験を行うと赤色蛍光はどこにも観察されなかった。この際に注意すべきことは，生物活性物質を修飾することによって生物活性が消失した

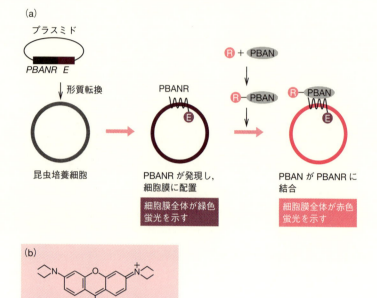

図 5・11 分子（蛍光）プローブ法を用いたライブイメージングの例（口絵 5 参照）（a）昆虫培養細胞に発現した PBANR と PBAN の結合実験．E: EGFP, R: ローダミンレッド-X．共焦点レーザー顕微鏡で細胞の中央部を輪切りにして観察した．（b）赤色蛍光化合物であるローダミンレッド-X

り，化合物の性質が著しく変化しないようにしなければならない．そのためには，目的の生物活性物質のどの部分が活性に重要であるかをあらかじめ調べておく必要がある．PBAN の場合には C 末端部分が生物活性に重要であるので，N 末端側にローダミンレッド-X を結合させた．

もともと蛍光を示さないのに，細胞内に取込まれて標的となる物質と反応して初めて強い蛍光を発するような化合物もある．たとえば，カルシウムイオンと反応して蛍光を発する化合物として Fluo-3 がある（図 5・12）．細胞内のカルシウムイオンの濃度変化は重要な反応にかかわる可能性が高いので，その測定から細胞内の状態変化を推定できる．

そのほか，このようなカルシウムイオン蛍光プローブを利用したライブイメージ

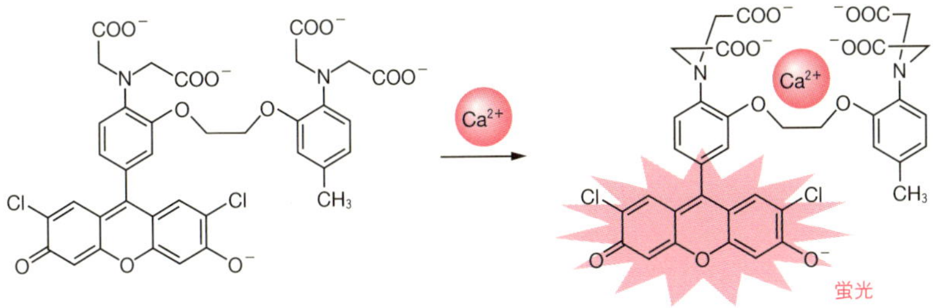

5・4 蛍光および発光化合物を用いた生命現象の解明　185

図 5・12　Fluo-3 とカルシウムイオンの反応

ングの例として，受精および卵子の活性化の仕組みを解明した実験などがある．通常，卵子は不活発な細胞であるが，精子との受精によって活発に物質を合成し，細胞分裂を開始して胚へと状態が変化していく．この卵子の活性化の引き金となるのが，カルシウムイオンの濃度変化が卵子全体に伝播するカルシウム波の発生であることがわかっている．そこで，受精の際にあらかじめイクオリン（4・9節参照）などの蛍光プローブを注入しておけば，カルシウムイオンの濃度変化および局在を追跡することで，一連の過程に関する重要な情報を得ることができる．

　共焦点レーザー顕微鏡などの機器の進歩，画像処理技術の発展，イメージングのためのさまざまな試薬の開発があり，以前は組織切片でしか観察できなかった細胞の状態を生きたままで観察できるようになり，生命活動をリアルタイムで正確にとらえることができるようになった．このような技術は生命現象の解明に大きく貢献している．

　化学発光はプロモーター解析にも利用されている．遺伝子の転写を制御するプロモーターの活性の解析にルシフェラーゼ遺伝子が用いられている（図5・13）．プロモーター活性をもつと予想される部分の DNA をルシフェラーゼ遺伝子の上流に連結したプラスミドを用意し，細胞に導入して発現させる．もし，プロモーターが働くと，ルシフェラーゼがつくられるので，細胞の抽出液に基質であるルシフェリンと ATP を加えると発光する（図4・49参照）．プロモーター領域と予想される部分の長さや部位を変えると，それにともなって発光強度が変化するので，プロモーター領域を特定することができる．また，この系を利用してプロモーターに結合して転写活性を調節するような転写因子を同定したり，その転写因子と結合して転写活性を調節するような化合物を探索することもできる．この反応に ATP が必須であることから，ATP の定量系としても用いられている．

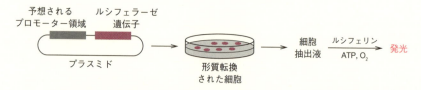

図 5・13 ルシフェラーゼ遺伝子による遺伝子プロモーター活性の解析

5・5 ゲノム科学および網羅的解析技術の進展とその影響

近年，膨大な量のゲノム情報が急速に蓄積している．一生物種の全ゲノムの解析としては，1995 年にインフルエンザ菌 *Haemophilus influenzae* およびマイコプラズマ *Mycoplasma genitalium* の 2 種が最初になされた．それぞれ 183 万および 58 万塩基対 (1.83, 0.58 Mb) でゲノムサイズとしては小さい．一方，ヒト全ゲノム解析は 1990 年に米国で開始され，日本を含めて国際的に多くの国が参加して，2000 年にほぼ終了し，翌年データが公開された．ヒトのゲノムサイズは 30 億塩基対 (3 Gb) であった．従来の DNA シーケンシング（塩基配列決定法）による解析では多額の費用と長い年月が必要であったが，次世代シーケンサの開発によって，これら両面で大幅な改善がなされ，10 年余で成し遂げられた．すでに多くの生物種で全ゲノム解析が終了しており，これらはデータベースとして公開されている．

ゲノムには生物個体（細胞）のすべての遺伝情報が書き込まれている．塩基配列の中にどのような情報が書き込まれているかを探し出す分野（バイオインフォマティクス）が誕生し，解析が進められてきた．遺伝子としての配列上の特徴や，異なる生物種間での配列の類似性や，すでに機能が明らかなタンパク質の情報などをもとに，遺伝子の数と翻訳産物の分類がなされてきた．これらの作業は，膨大な情報を高速で処理できるコンピュータの開発により加速した．ヒトゲノムには約 22,000 の遺伝子が存在することがわかっている．

生物活性物質に関連して，ゲノム情報はおもに以下の三つの目的に利用されてきた．その利用については，遺伝子操作に関する新しい手法や周辺の技術を取込んで初めて可能になった．

① タンパク質・ペプチド性因子（ホルモン）および受容体の探索と全長配列の取得：タンパク質やペプチド性物質の部分配列がわかると，その配列をもとに相同性検索によって全アミノ酸配列の情報が得られる．ゲノム情報がない

ときは部分配列をもとに cDNA のクローニングを行って，全長配列を取得し，解析を行った．また，一ゲノムにコードされた 7 回膜貫通型の G タンパク質共役型受容体の数が確定し，それぞれの受容体に対するリガンドが明らかになった．この過程で，受容体に対するリガンドが不明なもの（オーファン受容体）が存在し，逆薬理学的にリガンドを探索することが可能になった．

② 低分子生物活性物質の生合成にかかわる遺伝子の取得：ある生物活性物質の生合成にかかわる酵素をコードする遺伝子を同定する過程で，酸化反応，転位反応，加水分解反応など想定される類似反応に関与する酵素の遺伝子情報があれば，それらの特徴的な配列を利用して候補遺伝子を拾い上げることができる．その中から，発現解析，ノックダウン（発現抑制），ノックアウト（遺伝子欠損），過剰発現などの手法を用いて最終候補を絞り込むことができる．

③ 変異体の原因遺伝子の解析：形態形成などに関する変異体は数多く得られており，その原因遺伝子の同定により正常な生物での役割を明らかにすることができる．たとえば，花成ホルモンに関しては，花成の異常変異の原因遺伝子の解析からホルモンそのものが同定された．また，ジベレリン受容体は変異株の原因遺伝子を特定することで明らかとなった．さらに，変異体の解析から生物活性物質の生合成酵素をコードする遺伝子も得られている．

　DNA シーケンシング技術の革新的進歩によって，ゲノムだけでなく発現した遺伝子の網羅的な解析（トランスクリプトーム解析）も可能になり，組織や発生時期ごとの遺伝子発現量の差や，二次元電気泳動上でのタンパク質の発現量の差などから重要なタンパク質の候補を見つけたり（プロテオミクス），低分子化合物の場合は代謝物の差により現象に直接結びつく重要な代謝物を発見できる（メタボロミクス）ようになり，生物検定を必要とせずに候補分子を拾い上げることも可能になっている．しかし，そのような場合でも候補分子が実際に現象を担う化合物であるかどうかを詳細に調べて，確定する必要がある．今後も分子生物学の進歩にともなう新たな方法や知識を取込んで，生物活性物質化学のさらなる発展が期待される．

付録A　生物活性物質に関するノーベル賞受賞者

年度	受賞者（分野）*	受賞理由
1910	O. バラッハ（化学）	テルペンおよびショウノウなど脂環式化合物の先駆的研究
1915	R. ウィルシュテッター（化学）	植物色素物質，特にクロロフィルに関する研究
1923	F. G. バンティング（医生） J. J. R. マクラウド	インスリンの発見
1927	H. O. ウィーランド（化学）	胆汁酸とその類縁物質の構造に関する研究
1929	C. エイクマン（医生） F. G. ホプキンス	ビタミンの発見
1937	W. N. ハワース（化学）	炭水化物，ビタミンCの構造研究
	P. カラー（化学）	ビタミンA，B_2の研究およびビタミンCの構造研究
1938	R. クーン（化学）	ビタミンB_2の合成
1939	A. ブテナント（化学） （辞退，1949年受賞）	性ホルモンの研究
	L. ルジチカ（化学）	ポリメチレン類および高位テルペンの構造研究
1943	C. P. H. ダム（医生） E. A. ドイジ	ビタミンKおよびその性質の発見
1945	A. フレミング（医生） E. B. チェイン H. W. フローリー	ペニシリンの発見
1947	B. A. ウーセイ（医生）	糖代謝に関する脳下垂体ホルモンの研究
	R. ロビンソン（化学）	生物学的に重要な植物生成物，特にアルカロイドの研究
1948	P. ミュラー（医生）	DDTの殺虫効果の研究
1950	E. C. ケンドル（医生） P. S. ヘンチ T. ライヒシュタイン	副腎皮質ホルモンの発見
1952	S. A. ワックスマン（医生）	ストレプトマイシンの発見
	R. L. M. マーティン（化学） A. J. P. シング	分配クロマトグラフィーの開発と物質の分離，分析への応用
1955	V. ドビニョー（化学）	オキシトシン，バソプレシン構造決定と全合成
1958	F. サンガー（化学）	インスリンの構造決定
1964	K. E. ブロッホ（医生） F. リネン	コレステロールと脂肪酸の生合成の機構と調節に関する発見
	D. C. ホジキン（化学）	X線による生化学物質の構造決定

*　化学：ノーベル化学賞，医生：ノーベル医学生理学賞

190 付録 A　生物活性物質に関するノーベル賞受賞者

付録A（つづき）

年度	受賞者（分野）*	受賞理由
1970	B. カッツ（医生） U. フォンオイラー J. アクセルロッド	神経末梢部における伝達物質の発見とその貯蔵，解離，不活性化の機構についての研究
1977	R. C. L. ギルマン（医生） A. V. シャリー	脳内ペプチドホルモンに関する研究
1982	S. ベルグシュトレーム（医生） B. サムエルソン J. ベイン	プロスタグランジンの分子構造の発見と作用機作の研究
1984	R. B. メリフィールド（化学）	固相反応によるペプチド合成法の開発
1986	R. レビモンタルチーニ（医生） S. コーエン（医生）	神経増殖因子の発見 上皮増殖因子の発見
1988	S. W. ブラック（医生） G. B. エリオン（医生） G. H. ヒッチングス	分子標的薬剤の開発 細胞増殖阻害物質の開発
1994	A. G. ギルマン（医生） M. ロッドベル	細胞膜に存在する G タンパク質の発見とその役割の解明
1997	S. プルシナー（医生）	病原体プリオンの発見とその発病メカニズムを解明
2001	L. H. ハートウェル（医生） T. ハント P. M. ナース	細胞周期の制御因子の発見
2008	下村 脩（化学） M. チャルフィー R. Y. チエン	緑色蛍光タンパク質の発見とその応用
2015	大村 智（医生） W. C. キャンベル Y. トゥ	線虫の寄生によってひき起こされる感染症に対する新たな治療法に関する発見 マラリアに対する新たな治療法に関する発見

付録B 天然のアミノ酸の種類と構造

L型アミノ酸

疎水性アミノ酸

グリシン (Gly, G)
アラニン (Ala, A)
バリン (Val, V)
イソロイシン (Ile, I)
ロイシン (Leu, L)
プロリン* (Pro, P)
メチオニン (Met, M)
フェニルアラニン (Phe, F)

極性アミノ酸

セリン (Ser, S)
トレオニン (Thr, T)
システイン (Cys, C)
アスパラギン (Asn, N)
グルタミン (Gln, Q)
ヒスチジン (His, H)
チロシン (Tyr, Y)
トリプトファン (Trp, W)

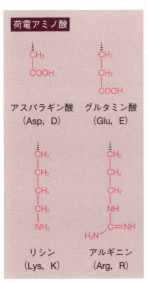

荷電アミノ酸

アスパラギン酸 (Asp, D)
グルタミン酸 (Glu, E)
リシン (Lys, K)
アルギニン (Arg, R)

＊ただし，プロリンは全体の構造を描いている．

参 考 書

本書を執筆するにあたり，多くの書籍を参考にさせていただいた．本書の内容を
さらに詳しく勉強したい読者は，以下のものを参照されたい．

全 般

高橋信孝，丸茂晋吾，大岳 望，"生理活性天然物化学（第1版，第2版）"，東京大
　　学出版会（1973，1981）．

"天然物化学（現代化学講座12）"，大石 武 編著，朝倉書店（1987）．

"農芸化学の事典"，鈴木昭憲，荒井綜一 編，朝倉書店（2003）．

貫名 学，星野 力，木村靖夫，夏目雅裕，"生物有機化学"，三共出版（2003）．

野島 博，"医薬分子生物学"，南江堂（2004）．

瀬戸治男，"天然物化学"，コロナ社（2006）．

長澤寛道，"生き物たちの化学戦略——生物活性物質の探索と利用（科学のとびら
　　58）"，東京化学同人（2014）．

Hiromichi Nagasawa, "Chemistry and Biology of Bioactive Compounds", TERRAPUB
　　（2015）．本書 "生物有機化学——生物活性物質を中心に" 初版の英語翻訳版．

"パートナー天然物化学（改訂第3版）"，海老塚豊，森田博史，阿部郁朗 編，南江
　　堂（2017）．

1章

"ジベレリン"，田村三郎 編著，東京大学出版会（1969）．

大岳 望，鈴木昭憲，高橋信孝，室伏 旭，米原 弘，"物質の単離と精製"，東京大学
　　出版会（1976）．

2章

大岳 望，"生合成の化学"，大日本図書（1986）．

"Medicinal Natural Products——A Biosynthetic Approach, 3rd ed.", ed. by P. M.
　　Dewick, John Wiley & Sons Ltd（2009）．

J. E. McMurry, T. P. Begley, "マクマリー生化学反応機構——ケミカルバイオロジー
　　による理解（第2版）"，長野哲雄 監訳，東京化学同人（2018）．

参 考 書 193

3章

中村和雄，玉木佳男，"性フェロモンと害虫防除"，古今書院（1983）．

"無脊椎動物のホルモン（ホルモンの分子生物学8)"，日本比較内分泌学会 編，学会
出版センター（1998）．

"脳とホルモン——情報を伝えるネットワーク"，松尾寿之 編著，共立出版（2005）．

"ホルモンハンドブック——新訂 eBook 版"，日本比較内分泌学会 編，南江堂（2007）．

"新しい植物ホルモンの科学（第3版)"，浅見忠男，柿本辰男 編著，講談社（2016）．

4章

山崎幹夫，中嶋暉躬，伏谷伸宏，"天然の毒——毒草・毒虫・毒魚"，講談社サイエン
ティフィク（1985）．

杉山政則，"微生物その光と影——抗生物質と病原菌"，共立出版（1996）．

"天然物の化学——魅力と展望（科学のとびら60)"，上村大輔 編，東京化学同人
（2016）．

塩入孝之，"海の生き物からの贈り物——薬と毒と"，化学工業日報社（2016）．

5章

"ケミカルバイオロジー・ケミカルゲノミクス"，半田 宏 編，シュプリンガーフェ
アラークジャパン（2005）．

"入門ケミカルバイオロジー"，入門ケミカルバイオロジー編集委員会 編，オーム社
（2008）．

"生物活性物質のケミカルバイオロジー——標的同定と作用機構（CSJ カレントレ
ビュー19)"，日本化学会 編，化学同人（2015）．

その他関連の書籍

角田房子，"碧素・日本ペニシリン物語"，新潮社（1978）．

田村三郎，"現象の追跡——生理活性物質化学を拓く"，学会出版センター（1981）．

清水 潮，"ふぐ毒の謎を追って"，裳華房（1989）．

ニコラス・ウェイド，"ノーベル賞の決闘（同時代ライブラリー)"，丸山工作，林
泉 訳，岩波書店（1992）．

ジョン・シーハン，"ペニシリン開発秘話"，往田俊雄 訳，草思社（1994）．

参 考 書

山崎幹夫，"歴史の中の化合物 — くすりと医療の歩みをたどる（科学のとびら 27)"，東京化学同人 (1996).

飯沼和正，菅野富夫，"高峰譲吉の生涯（朝日選書 666)"，朝日新聞社 (2000).

"生命をあやつるホルモン（ブルーバックス 1401)"，日本比較内分泌学会 編，講談社 (2003).

下村 脩，"クラゲに学ぶ — ノーベル賞への道"，長崎文献社 (2010).

馬場錬成，"大村 智 — 2 億人を病魔から守った化学者"，中央公論社 (2012).

索　引

あ

IAA→インドール-3-酢酸
IGF→インスリン様増殖因子
ITP→イオン輸送ペプチド
IPP→イソペンテニル二リン酸
アクチノマイシン D(actinomycin D)　142
アコニチン(aconitine)　59, 154
アザディラクチン(azadirachtin)　136
アジマリン(ajmaline)　58
アシル基転移酵素(acyl transferase)　33
アシルキャリヤープロテイン(acyl carrier
protein)　21, 23, 33, 65
アスコルビン酸(ascorbic acid)　133
アスパラギン(asparagine)　62
アセチル CoA(acetyl-CoA)　20, 21, 27, 33, 37
アセチルコリン(acetylcholine)　121
F. T. アディコット(Addicott)　75
アドリアマイシン(adriamycin)　143
アドレナリン(adrenaline)　57, 69, 70, 90, 121
アトロピン(atropine)　155
アパミン(apamin)　161
アビエチン酸(abietic acid)　44
アフィディコリン(aphidicolin)　144
アブシジン酸(abscisic acid)　43, 75
アフラスタチン A(aflastatin A)　14, 169
アフラトキシン(aflatoxin)　31, 143
アベルメクチン(avermectin)　165, 168
アヘン(opium)　126
α-アマニチン(α-amanitin)　156
アミグダリン(amygdalin)　156
アミノグリコシド系抗生物質(aminoglycoside
antibiotics)　145
アミノ酸(amino acids)　20
γ-アミノ酪酸(γ-aminobutyric acid)　121
β-アミリン(β-amyrin)　47

アラキドン酸(arachidonic acid)　24, 25, 26, 91
アラタ体(*Corpus allatum*)　7, 95
アラトスタチン(allatostatin)　96
アラトトロピン(allatotropin)　95, 96
RNA 機能阻害(inhibition of RNA function)　142
アルカロイド(alkaloids)　20, 56
アルテミシニン(artemisinin)　42
アルドステロン(aldosterone)　49, 91
RPCH→赤色色素凝集ホルモン
αファクター(α-factor)　113
アレロケミカル→他感物質
アレロパシー→他感作用
アロサミジン(allosamidin)　151
アロマターゼ(aromatase)　49
アンジオテンシン(angiotensin)　92
アンセリジオール(antheridiol)　114
アントシアニジン(anthocyanidin)　56
アントラキノン(anthraquinone)　30
アンドロゲン(androgen)　89
アンホテリシン B(amphotericin B)　32, 142

い

ER→エノイル還元酵素
ESP(exocrine gland-secreting peptide)　112
EH→羽化ホルモン
イオノホア抗生物質(ionophore antibiotics)
31, 141
イオン輸送ペプチド(ion-transport peptide)
102
イクオリン(aequorin)　164, 166, 185
EGF→上皮増殖因子
EGFP→高感度緑色蛍光タンパク質
(＋)-7-イソジャスモン酸イソロイシン縮合体
((＋)-7-isojasmonyl-isoleucine)　27, 79
イソフラボン(isoflavone)　55
イソプレノイド(isoprenoids)　36, 150

索　引

イソプレン単位(isoprene unit)　36
イソペンチルアセタート(isopentyl acetate)
　　　　　　　　　　　　　　　111
イソペンテニル二リン酸(isopentenyl
　　　　　　diphosphate)　20, 36, 38, 46
イソボルディン(isoboldine)　136
Ⅰ型生合成の酵素(typeⅠ polyketide synthase)
　　　　　　　　　　　　　　　34
一次代謝産物(primary metabolites)　2, 17
ET722　171
ETH→脱皮行動解発ホルモン
イネ馬鹿苗病(rice Bakanae disease)　6, 46, 72,
　　　　　　　　　　　　　　　125
イノコステロン(inocosterone)　133
イプスジエノール(ipsdienol)　109
イプセノール(ipsenol)　109
イベルメクチン(ivermectin)　167, 168
イボテン酸(ibotenic acid)　156
インスリン(insulin)　89
インスリン受容体(insulin receptor)　173
インスリン様増殖因子(insulin-like growth
　　　　　　　　　　　factor)　116
インターロイキン(interleukin)　148, 182
インドールアルカロイド(indole alkaloids)　58
インドール-3-酢酸(indoleacetic acid)　72

う

A. ウィンダウス(Windaus)　132
羽化ホルモン(eclosion hormone)　97
R. B. ウッドワード(Woodward)　160
ウリジン二リン酸-N-アセチルグルコサミン
　　(uridine diphosphate-N-acetylglucosamine)
　　　　　　　　　　　　　139, 152

え

AIP　122
C. エイクマン(Eijkman)　132
ANP(atrial natriuretic peptide)　93
AM トキシン(AM toxin)　125
エクジステロイド(ecdysteroid)　95, 175
エクジソン(ecdysone)　50, 97
AKH→脂質動員ホルモン
AGH→造雄腺ホルモン
ACTH→副腎皮質刺激ホルモン

ACP→アシルキャリヤープロテイン
エストラジオール-17 β(estradiol-17 β)　49, 89
エストロゲン(estrogen)　89
エチレン(ethylene)　77
HMG-CoA 還元酵素(HMG-CoA reductase)
　　　　　　　　　　　　　37, 150
HMG-CoA 合成酵素(HMG-CoA synthase)
　　　　　　　　　　　　　150
HTS→ハイスループットスクリーニング
AT→アシル基転移酵素
NFAT(nuclear factor of activated T cell)　182
N 末端(N-terminus)
　　──の修飾　61
エノイル還元酵素(enoyl reductase)　35
エピネフリン(epinephrine)　57, 70, 90
A ファクター(A-factor)　9, 105, 113
a ファクター(a-factor)　9, 113
FSH→卵胞刺激ホルモン
エフェドリン(ephedrine)　58
FMRF アミド(FMRF-amide)　105
Fluo-3　184
FK506→タクロリムス
FK506 結合タンパク質→FKBP
FKBP　149, 182
MIH→脱皮抑制ホルモン
mRNA→メッセンジャーRNA
MEP→2C-メチル-D-エリトリトール 4-リン酸
MSH→メラニン細胞刺激ホルモン
MH→脱皮ホルモン
MOIH→大顎器官抑制ホルモン
MCD ペプチド(MCD peptide)　161
エラブトキシン(erabutoxin)　162
エリスロマイシン A(erythromycin A)　31, 32,
　　　　　　　　　　　　　35, 147
エリトロース 4-リン酸
　　　　　　(erythrose 4-phosphate)　20, 52
LH→黄体形成ホルモン
LT→ロイコトリエン
エンケファリン(enkephalin)　94
エンテロジオール(enterodiol)　55
エンドクリン→内分泌
エンドセリン(endothelin)　94

お

オイゲノール(eugenol)　55
黄体形成ホルモン(lutenizing hormone)　85
大熊和彦　75

索　　引　　197

大村智　4, 167, 168
オカダ酸（okadaic acid）　153
オキシトシン（oxytocin）　86
オーキシン（auxin）　71, 74
オーゴニオール（oogoniol）　114
3OC$_{10}$-HSL　122
オートクリン→自己分泌
オピオイドペプチド（opioid peptides）　94, 127, 174
オーファン受容体（orphan receptor）　175
オフィオボリンA（ophiobolin A）　46, 126
オルセリン酸（orsellinic acid）　29
オルニチン（ornithine）　56
オレイン酸（oleic acid）　24
オレキシン（orexin）　83
オロバンコール（orobanchol）　80, 124
オーロン（aurone）　56

か

外因性生物活性物質（exogenous bioactive compounds）　2
開花ホルモン→花成ホルモン
階級分化フェロモン（caste pheromone）　111
カイコガ（Bombyx mori）　7, 8, 12, 26, 96, 97, 99, 100, 101, 107, 136, 175
カイネチン（kinetin）　74
化学生物学（chemical biology）　4, 181
核酸（nucleic acids）　21
核内受容体（nuclear receptor）　173
核内受容体スーパーファミリー（nucler receptor superfamily）　176
化合物ライブラリー（chemical library）　180
下垂体ホルモン（pituitary hormone）　83
カスタステロン（castasterone）　78
ガストリンII（gastrin II）　64
花成ホルモン（flowering hormone）　80
カテキン（catechin）　56
カナマイシン（kanamycin）　147
カフェイン（caffeine）　59
カルシトニン（calcitonin）　88
カルシニューリン（calcineurin）　149, 182
P. カールソン（Karlson）　106
3-カレン（3-carene）　41
β-カロテン（β-carotene）　52, 128
管状要素分化阻害因子（tracheary element differentiation inhibitory factor）　120
カンナビノイド（cannabinoids）　128

カンナビノール（cannabinol）　128
カンペステロール（campesterol）　50

き

気孔形成促進因子（stomagen）　120
キチン（chitin）　139
キニーネ（quinine）　59, 128
キニン（kinin）　161
W. C. キャンベル（Campbell）　167, 168
休眠ホルモン（diapause hormone）　98
R. ギルマン（Guillemin）　83, 84

く

クオラムセンシング（quorum sensing）　65, 122
ククルビタシン（cucurbitacin）　134
グラミシジンS（gramicidin S）　66
グラミン（gramine）　124
グリシノエクレピンA（glycinoeclepin A）　170
グリセルアルデヒド3-リン酸（glyceraldehyde 3-phosphate）　20, 37
グルカゴン（glucagon）　89
グルコース（glucose）　20, 173
グルタミン酸（glutamic acid）　121
グレリン（ghreline）　64, 91
黒沢栄一　6
クロマトグラフィー（chromatography）　10
クロラムフェニコール（chloramphenicol）　147
4-クロル-IAA（4-chlor-indoleacetic acid）　72
クロルテトラサイクリン（chlortetracycline）　30, 147
クロロゲン酸（chlorogenic acid）　55

け

KR→ケト還元酵素
蛍光プローブ（fluorescent probe）　165, 183
茎頂増殖制御因子（suppressors of plant stem cell differentiation）　120
ケイ皮アルデヒド（cinnamic aldehyde）　55
ケイ皮酸（cinnamic acid）　52
警報フェロモン（alarm pheromone）　111

KS→ケト合成酵素
F. ケーグル(Kögl) 71
血糖上昇ホルモン族ペプチド(crustacean hyperglycemic hormone-family peptides) 102
β-ケトアシル ACP 合成酵素(β-ketoacyl ACP synthase) 150
ケト還元酵素(keto reductase) 34
ケト合成酵素(keto synthase) 33
ゲノム科学(genomics) 186
ケミカルバイオロジー(chemical biology) 4, 181
ゲラニオール(geraniol) 40
ゲラニルゲラニル二リン酸(geranylgeranyl diphosphate) 39, 46, 51
ゲラニル二リン酸(geranyl diphosphate) 39, 40
ゲラニルファルネシル二リン酸(geranylfarnesyl diphosphate) 39

こ

高感度緑色蛍光タンパク質(enhanced GFP) 183
甲状腺刺激ホルモン(thyroid-stimulating hormone) 62, 83
甲状腺刺激ホルモン放出ホルモン(thyrotropin-releasing hormone) 61, 82, 84
甲状腺ホルモン(thyroid hormone) 88
抗生物質(antibiotics) 2, 8, 65, 137
酵素(enzyme) 21, 32
酵素阻害物質(enzyme inhibitors) 149
抗脱皮ホルモン物質(anti-molting hormone) 133
抗幼若ホルモン物質(anti-juvenile hormone) 134
S. コーエン(Cohen) 117
コカイン(cocaine) 56
黒きょう病菌(Metarrhizium anisopliae) 66, 136
コノトキシン(conotoxin) 160
S. コペッチ(Kopéc) 94
A. S. コホロフ(Khokhlov) 105
ゴミシン A(gomisin A) 55
コラゾニン(corazonin) 102
コリスミ酸(chorismic acid) 52
コルチゾール(cortisol) 49, 91
コルヒチン(colchicine) 58
コレシストキニン(cholecystokinin) 64

コレステロール(cholesterol) 48, 97, 150
コロナチン(coronatine) 79
昆虫成長阻害物質(insect growth inhibitor) 136
昆虫成長調節物質(insect growth regulator) 133
コンパクチン(compactin) 150

さ

サイトカイニン(cytokinin) 72, 74
サイトカイン(cytokine) 1
細胞機能調節物質(modulator of cell function) 148
細胞周期制御物質(cell cycle regulator) 149
細胞壁合成阻害(inhibition of cell wall synthesis) 137
細胞膜機能阻害(inhibition of cell membrane function) 141
サキシトキシン(saxitoxin) 157
酢酸単位(acetate unit) 27
鎖長決定因子(chain length factor) 33
サフロール(safrole) 55
B. サムエルソン(Samuelsson) 91
サリチル酸(salicylic acid) 124
F. サンガー(Sanger) 89

し

シアノコバラミン(cyanocobalamin) 131
CRF→副腎皮質刺激ホルモン放出因子
GRF→成長ホルモン放出因子
JH→幼若ホルモン
GSS→生殖巣刺激物質
GH→成長ホルモン
GH-RIF→ソマトスタチン
CHH→血糖上昇ホルモン族ペプチド
cAD1 116
GnRH→生殖腺刺激ホルモン放出ホルモン
CNP(C-type natriuretic peptide) 93
CAP-1 64
GABA→γ-アミノ酪酸
GFP→緑色蛍光タンパク質
CLF→鎖長決定因子
CLV3 120
ComX 122

索　引　199

シガトキシン（ciguatoxin）　158
自家不和合性（self-incompatibility）　178
色素拡散ホルモン（pigment dispersing
　　　　　　　　　　hormone）　102
ジギトキシン（digitoxin）　156
シキミ酸（shikimic acid）　20
シキミ酸経路（shikimic acid pathway）　20, 52,
　　　　　　　　　　56
シクロオキシゲナーゼ（cyclooxygenase）　25
シクロスポリン A（ciclosporin A）　148
自己分泌（autocrine）　69
CCK→コレシストキニン
脂質動員ホルモン（adipokinetic hormone）　99
視床下部ホルモン（hypothalamic hormone）
　　　　　　　　　　81
システイン（cysteine）　64
シストセンチュウ孵化促進物質（hatching
　　　　　stimulants of cyst nematode）　170
ジスルフィド架橋（disulfide bridge）　64
G タンパク質共役型受容体（G protein-coupled
　　　　　　　　　　receptor）　173
GTH→生殖腺刺激ホルモン
ジテルペン（diterpenes）　39, 43
シトロネロール（citronellol）　40
GBAP（gelatinase biosynthesis-activating
　　　　　　　　　　pheromone）　65, 122
GPCR→G タンパク質共役型受容体
cPD1　116
1, 25-ジヒドロキシビタミン D₃
　　　　　　（1, 25-dihydroxyvitamine D$_3$）　50
ジベレリン（gibberellin）　5, 11, 44, 72, 125
ジベレリン受容体（gibberellin receptor）　177
脂肪酸（fatty acids）　20, 21, 150
C 末端（C-terminus）
　　——の修飾　61
1-ジメチルアミノ-2-メチル-2-プロパノール
　　（1-dimethylamino-2-methyl-2-propanol）
　　　　　　　　　　110
ジメチルアリル二リン酸（dimethylallyl
　　　　　　　　　　diphosphate）　36, 39
下村脩　4, 165, 166
ジャスモン酸（jasmonic acid）　27, 78
A. シャリー（Schally）　83, 84
集合フェロモン（aggregation pheromone）　109
ジュバビオン（juvabione）　42, 135
S. シュライバー（Schreiber）　182
女王物質（queen's subsustance）　111
松果体ホルモン（pineal hormone）　87
脂溶性ビタミン（lipid-soluble vitamin）　128
上皮増殖因子（epidermal growth factor）　117

植物生長調節物質（plant growth regulator）　123
シレニン（sirenin）　115
Cyl-2　125
神経伝達物質（neurotransmitter）　121, 161
心房性ナトリウム利尿ペプチド→ANP

す

水溶性ビタミン（water-soluble vitamin）　130
スクアレン（squalene）　39, 47
F. スクーグ（Skoog）　74
スクリーニング（screening）　179
鈴木梅太郎　132
E. H. スターリング（Starling）　69
ステアリン酸（stearic acid）　24
ステビオール（steviol）　44
ステロイド（steroids）　47
ステロイドホルモン（steroid hormone）　89,
　　　　　　　　　　150
ステロイドホルモン受容体（steroid hormone
　　　　　　　　　　receptor）　175
ストマジェン（stomagen）　120
ストリキニーネ（strychnine）　58
ストリゴラクトン（strigolactones）　79, 125
ストリゴール（strigol）　80, 124
ストレプトマイシン（streptomycin）　105, 147
J. V. ストーン（Stone）　99
住木諭介　73, 140

せ

ゼアキサンチン（zeaxanthin）　75
ゼアチン（zeatin）　74
生合成（biosynthesis）　15
　天然有機化合物の——　20
生合成経路（biosynthesis pathway）　3, 15, 18,
　　　　　　　　　　19
青酸配糖体（cyanogenic glycoside）　155
生殖腺刺激ホルモン（gonadotropic hormone）
　　　　　　　　　　83
生殖腺刺激ホルモン放出ホルモン
　　（gonadotropin-releasing hormone）　62, 82,
　　　　　　　　　　84
生殖腺ホルモン（gonadal hormone）　89
生殖巣刺激物質（gonad-stimulating substance）
　　　　　　　　　　104

精製 (purification)　3, 10
　アフラスタチン A の── 　14
　ジベレリンの── 　11
　前胸腺刺激ホルモンの── 　12
成長因子→増殖因子
成長ホルモン (growth hormone)　83
成長ホルモン放出因子 (growth hormone-releasing factor)　81, 84
性フェロモン (sex pheromone)　7, 26, 106, 108, 115
生物活性物質 (bioactive compounds, bioactive substances)　1
　──の分類　2, 16, 17
生物活性ペプチド (bioactive peptides)　119
生物検定 (bioassay)　3, 4
　アブシジン酸の── 　76
　抗菌活性の── 　8
　ジベレリンの── 　5
　性フェロモンの── 　7
　接合フェロモンの── 　9
　前胸腺刺激ホルモンの── 　7
生物毒 (biotoxin)　2, 154
性ホルモン (sex hormone)　48
赤色色素凝集ホルモン (red pigment concentrating hormone)　102
セサミン (sesamin)　55
セスキテルペン (sesquiterpenes)　39, 41
セスタテルペン (sesterterpenes)　39, 46
接合フェロモン (conjugation pheromone)　9
　異担子菌酵母の── 　113
　ケカビの── 　115
　子のう菌酵母の── 　113
　ミズカビの── 　114
摂食阻害物質 (anti-feeding substance)　136
セファロスポリン (cephalosporin)　66, 137
F. W. A. ゼルチュルナー (Sertüner)　126
セルレニン (cerulenin)　150
セロトニン (serotonin)　121
前胸腺刺激ホルモン (prothoracicotropic hormone)　7, 12, 64, 95

そ

増殖因子 (growth factor)　1, 74
　植物培養細胞の── 　118
　動物の── 　116
造雄腺ホルモン (androgenic gland hormone)　104

ソデフリン (sodefrin)　112
ソマトスタチン (somatostatin, growth hormone-release-inhibiting factor)　82, 84
ソラノエクレピン A (solanoeclepin A)　170
ソルゴラクトン (sorgolactone)　80

た

大顎器官抑制ホルモン (mandibular organ-inhibiting hormone)　103
体色黒化赤化ホルモン (melanization and reddish coloration hormone)　102
高峰譲吉　57, 69, 70, 90
他感作用 (allelopathy)　123
他感物質 (allelochemical)　124
タキソール (taxol)　46, 128
タクロリムス (tacrolimus)　148, 182
α-ターチエニル (α-terthienyl)　124
脱水酵素 (dehydratase)　35
脱皮行動解発ホルモン (ecdysis-triggering hormone)　98
脱皮ホルモン (molting hormone)　50, 95, 97
脱皮ホルモン様物質 (molting hormone mimic)　133
脱皮抑制ホルモン (molt-inhibiting hormone)　64, 103
タンパク質 (protein)　20
タンパク質合成阻害 (inhibition of protein synthesis)　145
単離 (isolation)　3, 10

ち, つ

チアミン (thiamin)　130
R. Y. チエン (Tsien)　165
M. チャルフィー (Chalfie)　165
長鎖脂肪酸 (long-chain fatty acid)　23
チロキシン (thyroxine)　86, 88
チロシン (tyrosine)　52, 57, 64, 90
チロシンキナーゼ型受容体 (tyrosine kinase receptor)　173
ツニカマイシン (tunicamycin)　152

索　引　　201

て

TRH→甲状腺刺激ホルモン放出ホルモン
DELLA タンパク質（DELLA protein）　177
TSH→甲状腺刺激ホルモン
TX→トロンボキサン
DH→休眠ホルモンあるいは脱水酵素
DNA（deoxyribonucleic acid）　59
DNA 機能阻害（inhibition of DNA function）
　　　　　　　　　　　　　　　142
DMAPP→ジメチルアリル二リン酸
DOXP→1-デオキシ-D-キシルロース 5-リン酸
T 細胞活性化因子→NFAT
TGF-β（transforming growth factor-β）　117
TDIF→管状要素分化阻害因子
1-デオキシ-D-キシルロース 5-リン酸
　　　　（1-deoxy-D-xylulose 5-phosphate）　37
テストステロン（testosterone）　49, 89
デストラキシン（destruxin）　66, 136
テトラサイクリン系抗生物質（tetracycline
　　　　　　　　　　　　　antibiotics）　30, 147
テトラテルペン（tetraterpencs）　51
テトラヒマノール（tetrahymanol）　47
テトロドトキシン（tetrodotoxin）　157, 160
L-デヒドロアスコルビン酸
　　　　　　（L-dehydroascorbic acid）　133
7-デヒドロコレステロール
　　　　　　（7-dehydrocholesterol）　49
デヒドロジュバビオン（dehydrojuvabione）
　　　　　　　　　　　　　　　135
デプシペプチド（depsipeptide）　66, 125, 136,
　　　　　　　　　　　　　　　142
テルペノイド（terpenoids）　20, 36
テレオシジン（teleocidin）　169
天然殺虫性物質（natural insecticide）　135

と

糖（sugar）　20
Y. トゥ（Tu）　42
糖鎖（sugar chain）
　　——の付加　62
糖タンパク質（glycoprotein）　152
頭部形成促進因子（head activator）　105
ドウリン（dhurrin）　155

毒（toxin）
　　——の毒性の強さの比較　154
　キノコの——　156
　高等植物の——　154
　植物病原菌がつくる——　125
　動物の——　157
トコフェロール（tocopherol）　129
ドーパミン（dopamine）　121
トランスペプチダーゼ（transpeptidase）　137
トリコスタチン A（trichostatin A）　149
ドリコールリン酸（dolichol phosphate）　152
トリスポリン酸 C（trisporic acid C）　115
トリテルペン（triterpens）　39, 47
トリプトファン（tryptophan）　52, 58, 87
トリヨードチロニン（triiodothyronine）　88
トレメローゲン（tremerogen）　114
トロパンアルカロイド（toropane alkaloids）　155
トロンボキサン（thromboxane）　25, 91

な 行

内因性生物活性物質（endogenous bioactive
　　　　　　　　　　　　　compounds）　1
内分泌（endocrine）　69
ナナオマイシン A（nanaomycin A）　30
ナフトキノン（naphthoquinone）　29
ナフトキノン系抗生物質（naphthoquinone
　　　　　　　　　　　　　antibiotics）　29
ナリンゲニン（naringenin）　31

Ⅱ型生合成の酵素（typeⅡ polyketide synthase）
　　　　　　　　　　　　　　　33
ニコチン（nicotine）　56, 136
二次代謝産物（secondary metabolites）　2

ヌクレオシド系抗生物質（nucleoside
　　　　　　　　　　　　　antibiotics）　145

ネオカルチノスタチン（neocarzinostatin）　143
（＋）-β-ネロリドール（（＋）-β-nerolidol）　41

脳ホルモン（brain hormone）　94

は

バイオアッセイ→生物検定

ハイスループットスクリーニング
(high throughput screening) 179
培養上清(conditioned medium) 118
パクリタキセル(paclitaxel) 46, 128
バソプレシン(vasopressin) 86
ハチ毒キニン(kinin of bee toxin) 161
発がんプロモーター(tumor promoter) 46, 169
白きょう病菌(*Beauveria bassiana*) 136
白血球遊走ペプチド(leukocyte migration
peptide) 161
パラクリン→傍分泌
パラトルモン(parathormone) 88
ハリコンドリン(halichondrin) 171
パリトキシン(palytoxin) 158
バリノマイシン(valinomycin) 141
パルミチン酸(palmitic acid) 23
バンコマイシン(vancomycin) 138
F. G. バンティング(Banting) 89

ひ

ビアラホス(bialaphos) 167
PRL→プロラクチン
BNP(brain natriuretic peptide) 93
火落(ひおち)酸→メバロン酸
ビオチン(biotin) 21, 181
ピサチン(pisatin) 119
PG→プロスタグランジン
微小管(microtubule)
——に作用する化合物 127
ビタミン(vitamin) 2, 128
ビタミン E(vitamin E) 129
ビタミン A(vitamin A) 43, 128
ビタミン K(vitamin K) 129
ビタミン C(vitamin C) 133
ビタミン D(vitamin D) 49, 129
ビタミン B$_1$(vitamin B$_1$) 130, 132
ビタミン B$_2$(vitamin B$_2$) 131
ビタミン B$_6$(vitamin B$_6$) 131
ビタミン B$_{12}$(vitamin B$_{12}$) 131
5-ヒドロキシ-IAA(5-hydroxy-indoleacetic
acid) 72
20-ヒドロキシエクジソン
(20-hydroxyecdysone) 50, 97
4-ヒドロキシケイ皮酸(4-hydroxycinnamic
acid) 31, 52, 55
ヒドロキシフェニルピルビン酸
(hydroxyphenylpyruvic acid) 52

α-ピネン(α-pinene) 41
PBAN→フェロモン生合成活性化神経ペプチド
PBAN 受容体(PBAN receptor) 175, 183
非メバロン酸経路(non-mevalonate pathway)
20, 36, 37
ピューロマイシン(puromycin) 145
L-ヒヨスチアミン(L-hyoscyamine) 155
ピリミジン(pyrimidine) 21
ピルビン酸(pyruvic acid) 20, 37
ピレスリン I(pyrethrin I) 135
ピレスロイド(pyrethroids) 135
ビンクリスチン(vincristine) 58, 127
ビンブラスチン(vinblastine) 58, 127

ふ

ファゼオリン(phaseolin) 119
ファルネシル二リン酸(farnesyl diphosphate)
39, 42, 77
ファルネセン酸メチル(methyl farnesoate)
103
ファルネソール(farnesol) 41
ファロトキシン(phallotoxin) 67
VIH→卵黄形成抑制ホルモン
フィトアレキシン(phytoalexin) 119
フィトエクジソン(phytoecdysone) 133
フィトエン(phytoene) 39, 51
フィトスルホカイン(phytosulfokine) 118
フィトール(phytol) 43
フィロキノン(phylloquinone) 129
フェニルアラニン(phenylalanine) 57
フェニルピルビン酸(phenylpyruvic acid) 52
フェニルプロパノイド(phenylpropanoids) 20,
52, 55
フェロモン(pheromone) 1, 106
昆虫の—— 106
脊椎動物の—— 111
動物の—— 106
微生物の—— 112
フェロモン生合成活性化神経ペプチド
(pheromone biosynthesis activating
neuropeptide) 101, 175
U.S. フォン・オイラー(von Euler) 91
副甲状腺ホルモン(parathyroid hormone) 88
副腎皮質刺激ホルモン(adrenocorticotropic
hormone) 83
副腎皮質刺激ホルモン放出因子(corticotropin-
releasing factor) 82, 84

索　　引　　203

副腎皮質ホルモン（adrenocortical hormone）　49
福田宗一　94
フグ毒（tetrodotoxin）　157, 160
プソラレン（psoralen）　124
A. F. J. ブテナント（Butenandt）　97, 100, 106, 108
不飽和脂肪酸（unsaturated fatty acids）　21, 23, 24
フムレン（humulene）　42
ブラシノステロイド（brassinosteroids）　78
ブラシノライド（brassinolide）　50, 78
ブラストサイジン S（blasticidin S）　145
プラバスタチン（pravastatin）　151
フラボノイド（flavonoids）　20, 55
フラボン（flavone）　56
プリオンタンパク質（prion protein）　163
プリン（purine）　21, 74
6-フルフリルアミノプリン（6-furfurylamino purine）　74
ブレオマイシン A₂（bleomycin A₂）　143
プレコセン（precocen）　135
プレプロエンケファリン（preproenkephalin）　94
プレプロオピオメラノコルチン（preproopiomelanocortin）　94
A. フレミング（Fleming）　137, 140
プロインスリン（proinsulin）　90
プロオピオメラノコルチン（proopiomelanocortin）　61, 85
プロゲステロン（progesterone）　49
プロスタグランジン（prostaglandin）　25, 91
プロピオニル CoA（propionyl-CoA）　31
プロビタミン D₃（provitamin D₃）　49
プロラクチン（prolactin）　83
フロロアセトフェノン（phloroacetophenone）　29
フロリゲン（florigen）　80
分子（蛍光）プローブ（molecular（fluorescent） probe）法　183

へ

J. ベイン（Vane）　91
ペニシリン（penicillin）　137, 140
ヘビ毒（snake toxin）　162
ペプチド（peptides）　20, 59
ペプチドグリカン（peptidoglycan）　137
ペプチド結合（peptide bond）
　――の切断　60

ペプチドホルモン（peptide hormone）　82
ペリプラノン B（periplanone B）　42, 109
H. ベルガー（Börger）　119
S. ベルグシュトレーム（Bergtröm）　91
cis-ベルベノール（cis-verbenol）　110
ベルベリン（berberine）　58
ヘロイン（heroin）　126
ベンジルペニシリン（benzylpenicillin）　65

ほ

傍分泌（paracrine）　69
飽和脂肪酸（saturated fatty acids）　21
ホスホエノールピルビン酸（phosphoenolpyruvic acid）　20, 52
ホタルルシフェリン→ルシフェリン　163
ボツリヌス毒素（Clostridium botulinum toxin）　163
ポナステロン A（ponasterone A）　133
F. G. ホプキンス（Hopkins）　132
ボーベリシン（beauvericin）　136
ホモセリンラクトン（homoserine lactone）　122
ポリエンマクロライド系抗生物質（polyenemacrolide antibiotics）　32, 142
ポリオキシン（polyoxin）　139
ポリケチド（polyketide）　20, 27, 32, 150
堀正太郎　6
ホルボール（phorbol）　46, 169
ホルモン（hormone）　1, 69
　甲殻類の――　102
　昆虫の――　94, 102
　消化管の――　91
　植物の――　71
　膵臓の――　89
　脊椎動物の――　81
　副腎の――　90
　無脊椎動物の――　94, 104
ホルモン受容体（hormone receptor）　4, 172
ボンビキシン（bombyxin）　102, 109
ボンビコール（bombykol）　8, 26, 107, 109
翻訳後修飾反応（posttranslational processing）　59

ま　行

マイトトキシン（maitotoxin）　158

マイトマイシン(mitomycin C) 143
膜(貫通)受容体(transmembrane receptor) 172
J. J. R. マクラウド(Macleod) 89
マクロライド系抗生物質(macrolide antibiotics) 31, 147
マストパラン(mastoparan) 161
マリファナ(marihuana) 128
マロニル ACP(malonyl-ACP) 27
マロニル CoA(malonyl-CoA) 21, 23, 33, 55

道しるべフェロモン(trail pheromone) 110
K. O. ミュラー(Müller) 119

ムスカリン(muscarine) 156

メチオニン(methionine) 77
メチオニンエンケファリン(methionine enkephalin) 94
1-メチルアデニン(1-methyladenine) 104
2C-メチル-D-エリトリトール 4-リン酸 (2C-methyl-D-erythritol 4-phosphate) 38
4-メチルピロール-2-カルボン酸メチル (4-methylpyrrole-2-methylcarboxylate) 111
メッセンジャーRNA(messenger RNA) 59, 60
メナキノン(menaquinone) 130
メバロン酸(mevalonic acid) 20, 37
メバロン酸経路(mevalonate pathway) 20, 36, 37
メラトニン(melatonin) 87
メラニン細胞刺激ホルモン(melanocyte-stimulating hormone) 62, 83
メリチン(melittin) 161
免疫抑制剤(immunosuppressive agent) 148
メントール(menthol) 40

モネンシン(monensin) 31, 141
モノテルペン(monoterpenes) 39, 40
モミラクトン A(momilacton A) 119
モリシン(mollisin) 29
モルヒネ(morphine) 58, 94, 126
モルヒネ受容体(morphine receptor) 174

や 行

薬理活性(pharmacological activity) 2, 126
藪田貞治郎 73, 140

幼若ホルモン(juvenile hormone) 95
幼若ホルモン様物質(juvenile hormone mimic) 134

ら

ライブイメージング(live imaging) 183
β-ラクタム系抗生物質(β-lactam antibiotics) 65, 137
ラノステロール(lanosterol) 47
ラパマイシン(rapamycin) 149
卵黄形成抑制ホルモン(vitellogenesis-inhibiting hormone) 103
卵胞刺激ホルモン(follicle stimulating hormone) 85

り

リグナン(lignans) 55
リグニン(lignin) 20
リコペン(lycopene) 52
リシチン(rishitin) 119
利尿ホルモン(diuretic hormone) 102
リノール酸(linoleic acid) 24
リノレン酸(linolenic acid) 24, 27, 79
リパーゼ(lipase) 27
リポキシゲナーゼ(lipoxygenase) 26
リボフラビン(riboflavin) 131
硫酸化(sulfation) 64
緑色蛍光タンパク質(green fluorescent protein) 165, 166, 183
リン酸化(phosphorylation) 63

る～わ

M. ルシェル(Lüscher) 106
ルシフェリン(luciferin) 163, 166, 185

レセルピン(reserpine) 58
レチノール(retinol) 43, 128
レプチン(leptin) 92
H. レラー(Röller) 97

ロイコトリエン(leukotriene) 26

索　　引　　　　　　　　　　　205

ロイシンエンケファリン（leucine enkephalin）
　　　　　　　　　　　　　　　　　　94
ローダミンレッド-X（Rhodamine Red-X）　183
ロテノイド（rotenoids）　135
ロテノン（rotenone）　135

ロドトルシン A（rhodotorucine A）　114
ロバスタチン（lovastatin）　151
沪胞ホルモン→卵胞刺激ホルモン

S. A. ワックスマン（Waksman）　147

<ruby>長<rt>なが</rt></ruby> <ruby>澤<rt>さわ</rt></ruby> <ruby>寛<rt>ひろ</rt></ruby> <ruby>道<rt>みち</rt></ruby>

1948 年 福岡県に生まれる
1978 年 東京大学大学院農学系研究科博士課程 修了
東京大学名誉教授
専攻 生物有機化学
農 学 博 士

第 1 版 第 1 刷 2008 年 3 月 6 日 発行
第 3 刷 2015 年 12 月 25 日 発行
第 2 版 第 1 刷 2019 年 6 月 10 日 発行

生物有機化学—生物活性物質を中心に
第 2 版

© 2019

著　者　長　澤　寛　道
発 行 者　小　澤　美　奈　子
発　　行　株式会社 東京化学同人

東京都文京区千石 3 丁目 36-7 (〒112-0011)
電話 03-3946-5311 ・ FAX 03-3946-5317
URL：http://www.tkd-pbl.com/

印　刷　中央印刷株式会社
製　本　株式会社松岳社

ISBN978-4-8079-0955-1
Printed in Japan
無断転載および複製物 (コピー，電子デー
タなど) の無断配布，配信を禁じます.